JN265436

アワビって巻貝!?
磯の王者を大解剖

河村知彦 著

はしがき

"アワビ"。漢字で書くと"鮑"。魚へんに包むと書く。

アワビなんて食べたことない、という人はいるかもしれないが、名前も聞いたことがないという日本人はまずいないだろう。

アワビはマツタケと並ぶ高級食材として知られる、おそらく世界でも最も値段の高い食材の1つである。ステーキ、踊り焼き、刺身など、テレビのグルメ番組ではよく見るが、いずれも庶民にはなかなか手が届かない目玉が飛び出るような値段の高級料理ばかりだ。

アワビはしばしば"磯の王者"と呼ばれるが、値段的には確かに"王者"と呼ばれるにふさわしい。もっとも"磯の王者"という呼び名は、アワビと同じ高級食材として知られるイセエビや、磯釣りの対象として人気のあるイシダイやクロダイにも使われる。

"百獣の王"と言えばライオンだが、ライオンは猛獣であり、おそらく強いから"王"と呼ばれるのであろう。アワビは海藻を食べるおとなしい動物なので、そういう意味で"王者"にはほど遠い。"王者"なんていう呼び名は人間の都合で勝手に付けているだけなので、何が本当の磯の王者かを考えても意味がないことではあるけれど、アワビが"磯の王者"と呼ばれるにふさわしいかどうかは、この本を読み終わったときに皆さんに考えてもらいたい。

いずれにしろアワビは、サザエやアサリ、シジミ、ハマグリなど

はしがき

とともに日本人にはもっともよく知られた貝類であろう。

しかし、皆さんのアワビに対する知識の大半は、"貝"という食べ物としてのもの。海に住む生き物、"貝類"としてのアワビやサザエ、アサリについて、どれほどのことが知られているだろうか。アサリやシジミは二枚貝で、サザエは巻貝。せいぜいそのぐらいではなかろうか。ではアワビはいったいどっちなのか？ アワビの赤ちゃんはどこで生まれ、どんな形をしているのか？ 何を食べているのか？ 私たちが目にする10センチメートルほどの大きさになるのに何年くらいかかるのか？ など、ふつうの人は考えもしないにちがいない。

アワビは"磯"と呼ばれる浅い海の岩場に住んでいる。磯の環境に適した体の構造や生き方を身に付けた、実は意外に不思議で魅力的な生き物である。私たち人間との付き合いも深くて長い。彼らにとっては迷惑なことばかりではあるが……。

私（著者）は、食べ物としてではない生き物としてのアワビたちの姿、生き方を観察、研究してきた。人間が長年にわたって獲りすぎたために減ってしまったアワビを増やすため、アワビの生態（海底での彼らの暮らしや環境との関係のこと）を研究している。その過程で彼らの巧みな生き方を知り、そのたびに多くの驚きや感動を体験してきた。この本では、ごく最近新しくわかってきたことを含め、海の生き物としてのアワビの姿、生態を紹介する。また、私たち人間がアワビをどのように利用してきたかについても考える。読者の皆さんにもアワビたちの不思議や魅力に触れてもらうと同時に、私たち人間とアワビたちがこれからどう付き合っていけばいいのか、考えてもらいたい。

目次

はしがき ……………………………………………………… 2

第1章
アワビってどんな生き物？ ……………………… 6

アワビにも目や歯がある⁉／アワビだって立派な巻貝⁉／アワビは磯の吸盤⁉

第2章
アワビの仲間たち …………………………………… 15

アワビにはいろいろな種類がある！／日本の海に住むアワビたち

第3章
アワビの産卵と生まれた幼生たちの暮らし …… 26

アワビの産卵と台風の不思議な関係／アワビは泳ぐ⁉

第4章
稚貝たちの海底での暮らし ①生息場所 ……… 39

アワビが好きなピンクの海藻／磯焼けと無節サンゴモの関係

第5章
稚貝たちの海底での暮らし ②餌と天敵 ……… 52

アワビの餌は何か？／アワビの天敵は何か？

第6章
アワビの数はどのように変化するか？ ………… 65
アワビは長寿で子だくさん！／アワビと気候変動の関係

第7章
アワビと人のかかわり ………………………… 77
アワビと日本人の長〜い付き合い／アワビ漁業の歴史／アワビの漁獲量・資源量の変化

第8章
アワビの子どもを育てて放す！ ……………… 87
アワビの栽培漁業／アワビの種苗を作る技術／アワビはなぜ増えないのか？

第9章
東北のアワビは大津波でどうなったか？ …… 102
大津波に襲われた東北の海とエゾアワビ／人はアワビとどう付き合うべきか？

あとがき ……………………………………………… 114

第1章 アワビってどんな生き物？

アワビの貝殻（図 1-1）は特徴的で記憶に残りやすい。それに対して、身の方についての皆さんの記憶はおそらくきわめて疑わしい。アワビの踊り焼きやステーキを食べたことのある人なら、アワビの殻の中に入っている身（軟体部）の全体像を見たことはあると思うが、どこに顔があって（ちゃんと顔があるのだ）どこに内臓があるかなど（図 1-2）を答えられる人は非常に鋭い観察眼の持ち主だ

図 1-1　エゾアワビの貝殻

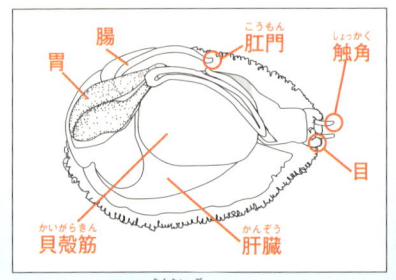

図 1-2　アワビの軟体部（左の図は殻をはずした背側の模式図（猪野、1953 を改変）、右の写真はエゾアワビの腹側）

第1章　アワビってどんな生き物？

けだろう。多くの人はせいぜい薄～く堅い刺身のひと切れを食べた程度だろうから、身の全体の形すら想像できないのでは？

アワビにも目や歯がある!?

アワビと同じ磯に住むサザエ（図 1-3）が巻貝の仲間だということは、おそらく読者の多くが知っていると思う。あとから詳しく述べるように、アワビもれっきとした巻貝の仲間なのだ。

巻貝の仲間で軟体部の形が最もよく知られているものは、実はカタツムリだろう（図 1-4）。カタツムリは陸に住む巻貝であり、体の構造はサザエやアワビと基本的に同じだ。最近の小学校で歌われているかどうかは知らないが、「かたつむり」という歌の中の「つの出せ、やり出せ、あたま～出せ」の２本の"つの"に当たる部分の先端がカタツムリの目だ。これと同じような目がアワビやサザエにもちゃんと存在する（図 1-5）。もっとも、"目"とはいっても、私たち人間と同じように物が見えるわけではないようだ。光を感じる程

図 1-3　サザエ

図1-4　カタツムリ（ヒダリマキマイマイ）

図 1-5　エゾアワビの顔

度の機能しかないと考えられている。

　2つの目の下に当たる部分には口があり、口の中にはちゃんと歯も生えている。ただし、この歯の形は私たち人間の歯とは大きく異なっている。アワビやサザエの歯も口の中に生えてはいるのだが、非常に長く連なり、口の部分には収まりきらない。とはいっても、1本の歯が非常に長く大きいわけではない。小さな歯が並んだ列が連なって帯のような形をしている。ちょうどヤスリのような構造だ（図1-6）。

　アワビの歯の帯の長さは、殻の長さの約半分もある。こんなに長い歯をどうやって使うのだろうか？　実は、使われているのは先端のごく一部分、口の中に収まっている歯だけ。せいぜい数列のみだ。

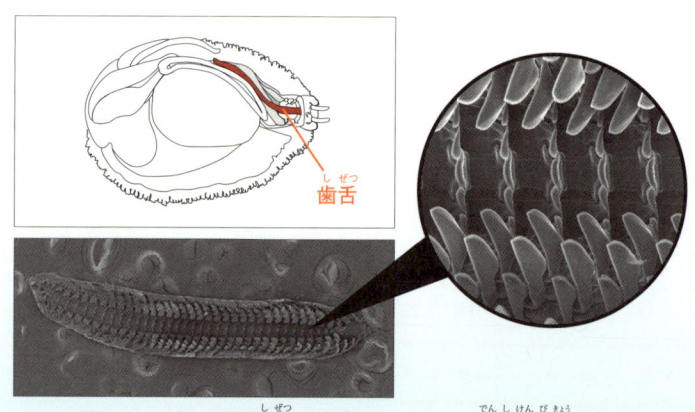

図 1-6　エゾアワビの歯舌（左下と右（拡大）は電子顕微鏡写真）

第1章　アワビってどんな生き物？

その後ろに連なる歯の列は予備であり、使っている歯がすり減って古くなると脱落し、後ろの新しい列が口の部分に出てくるしくみになっている。

　この帯のような歯の列は"歯舌"と呼ばれ、巻貝の仲間はどれもこの歯舌を持っている。個々の歯の形や列の連なり方などは貝の種類によってちがっている。顕微鏡で歯の形をよく見ると、その貝が動物を食べる"肉食"か、海藻を食べる"植食"かがわかる（図1-7）。肉食動物の犬や猫が先のとがった"犬歯"を持ち、草食動物の牛や馬が"臼歯"を持つことと同じだ。"植食"という言葉は聞き慣れないかもしれない。ほ乳類では"草食動物"というが、海の中の植物は"草"ではなく"海藻"なので、"植食動物"と呼ばれる。

　貝類と同じ軟体動物のイカやタコの仲間（頭足類：19ページ）も、この歯舌を持っている。イカやタコは動物を襲う"肉食"なので、犬歯のような鋭くとがった歯を持つ（図1-7右）。しかし、同じ貝類でありながらアサリやハマグリなど二枚貝の仲間は歯舌を持たない。二枚貝は、水中の小さなプランクトン（浮遊生物）を海水とと

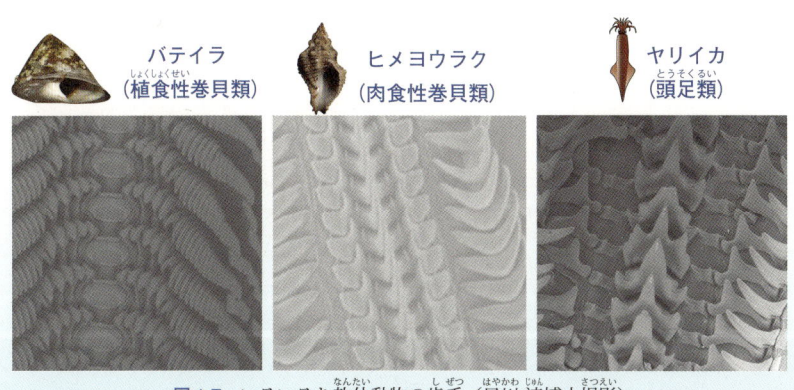

バテイラ（植食性巻貝類）　　ヒメヨウラク（肉食性巻貝類）　　ヤリイカ（頭足類）

図1-7　いろいろな軟体動物の歯舌（早川 淳博士撮影）

もに吸いこんで、エラでろ過して集めて食べるため、"歯"を必要としないのだ。

🌙 アワビだって立派な巻貝⁉

"アワビ"という名前はどのようにして付けられたのだろうか？いくつかの説があるが、その1つに「逢わずわびし」という意味から付けられたというものがある。「アワビはいつも片一方の貝殻で岩にくっついていて、もう1つの殻と逢うことができずわびしい」、という意味だそうだ。今から500年以上も前の1470年に出された本の中に書かれている。"合わぬ肉"あるいは"合わぬ実"から変化して"アワビ"になったという説もある。これも同じように、「アワビが片一方の殻しか持たない」というような意味だ。「磯のアワビの片思い」という言葉もある。アワビといえば"片思い"なのだそうだ。1200年以上も前に書かれた万葉集の中にも、アワビは片思いの貝として歌われている。

　　　伊勢の海人の　朝な夕なに　潜くといふ
　　　　　　　　　鮑の貝の　片思にして

これらは、つまりアワビが片方の貝殻しか持たない二枚貝の仲間と考えられていたことを表している。「えっ、アワビって二枚貝じゃないの？」なんて言っている人もいるのでは？
　アワビはれっきとした巻貝の仲間だ。アワビの殻をもう1度見て

第1章　アワビってどんな生き物？

図1-8　アワビが巻貝である証拠！（写真はエゾアワビ）

ほしい。殻のお尻の部分（図1-8）をよ～く見ると、渦巻き状になっているのがわかるだろう。アワビが巻貝であることの証拠だ。アワビの殻は成長にともなって外側に大きくなっていくが、このお尻の部分が最初にできる部分なのだ。サザエのような"ふつうの巻貝"なら、成長するたびに殻がぐるぐると巻き、巻き数が増えていくが、アワビの場合には殻は巻かずに大きく広がって成長する。

　ちなみにサザエは立派なふたを持っているが（図1-3：7ページ）、アワビはふたを持たない。もしアワビにふたがあったら、本当に二枚貝になってしまう⁉

アワビは磯の吸盤⁉

　アワビは巻貝であって、片方の殻を失った二枚貝ではない、ということはわかっただろう。しかし、殻の形はまさに二枚貝の片方の殻のようで、殻の付いていない側の軟らかい体の部分（軟体部）は丸出しだ（図1-2：6ページ）。サザエなどふつうの巻貝のように硬い殻の中に軟体部をしまいこむことはできない。

11

図 1-9　プラスチック水槽の側面に張り付くメガイアワビ

図 1-10　ホソメコンブ群落内に住むエゾアワビ

　その代わりにアワビは、危険を感じると岩の表面にものすごい強さで張り付き、殻と岩の表面を密着させて軟体部を殻の中に隠す。それはちょうどガラスに密着させた吸盤のようだ（図1-9）。そのため彼らは、砂の上や凹凸の多い岩盤などに住むことはできない。密着することのできない場所にいたら、外敵から襲われたときに大きく露出した軟体部を守ることができないだろう。

　海に潜ってみると、アワビのいそうな場所はすぐにわかる。岩の表面がつるつるしているところだ。そういう密着しやすい場所をアワビは好むが、逆にアワビがいると岩の表面がつるつるになるともいえる。アワビが岩の上をはいまわり、表面に付く藻類の芽などをなめているため、アワビの付いている岩の表面は常につるつるな状態に保たれているのである（図1-10）。

　もっともアワビは常に吸盤のように岩に張り付いているわけではない。ふだんは岩に弱くくっつき、ゆっくりと岩の上をはっている。危険を感じるとまずは逃げようとするが、逃げられないと思ったときにのみ"吸盤"になる。アワビを獲る漁師たちはもちろんそのこ

第1章　アワビってどんな生き物？

とをよく知っている。アワビを見つけると、アワビが気付いて強く張り付いてしまう前にすばやく岩からはがし取る。いったん"吸盤"になられてしまうと、ナイフのような道具を使わないと簡単にははがすことができない。ナイフなどでアワビを岩からむりやりはがすと、軟体部を傷つけてしまう可能性がある。傷ついたアワビはすぐに死んでしまうので、せっかく獲って市場に売りに出しても値段が安くなってしまうのだ。

　一方、息をこらえて潜ってアワビを獲る漁師は、1カ所にたくさんのアワビが集まっている場所を見つけると、1度には獲りきれない分のアワビの殻をたたいて警戒させ、わざわざアワビを"吸盤"にする。そうしないと、息つぎのためにいったん船に戻っている間に逃げられてしまうからだ。

　アワビにもいろいろな種類がいるが、どの種類も基本的には夜行性だ。魚屋の店頭以外で皆さんが生きたアワビを見る機会があるとすれば、水族館の水槽の中、あるいは海鮮料理店のいけすのガラス面にじっと張り付いているアワビくらいだろうが、あれは昼間のアワビの姿だ。夜にはけっこう活発に動く。夜の間に餌となる海藻を探しまわるのである。

　アワビの中には、夜の間に動きまわっても必ず同じ場所に戻ってくる、つまり昼間にはいつも正確に同じ場所に張り付いているものがいるといわれている。自分の"寝床"が決まっているのだ。アワビ漁師たちはこれを"なしろ"と呼んでいる。このように、常に同じ場所（巣）に帰ってくる性質のことを"帰巣性"と呼び、カサガイの仲間（図1-11）では科学的にその性質が証明されている。自

13

図 1-11　カサガイの仲間

分のはったあとに残る粘液(ねんえき)をたよりに自分の"巣"に戻るのである。アワビでは、本当に帰巣性があるかどうか確かめられてはいないが、種類によってはどうやら同じような性質を持つようだ。次の章では、そのアワビの種類を見てみよう。

第2章
アワビの仲間たち

　実は"アワビ"は1種類ではない。アワビにもいろいろな種類がいる。日本の周りの海だけでも10種類ものアワビ類が生息している。この本の中ではただ"アワビ"と呼んでいるが、正しくは"アワビの仲間"あるいは"アワビ類"と呼ぶべきだろう。

アワビにはいろいろな種類がある！

　少し専門的な話になるが、アワビの分類について紹介しておこう。地球上には様々な種類の動物が住んでいるが、体の真ん中に脊椎と呼ばれる骨格を持つかどうかで脊椎動物と無脊椎動物に大きく分けられる。ほ乳類、鳥類、魚類などが脊椎動物だ。

　アワビの仲間は脊椎を持たない無脊椎動物で、その中の軟体動物という大きなグループに属する。さらにその中の腹足類というグループに入る。腹足類というのは巻貝類のことだ。軟体動物には、腹足類（巻貝類）のほかに二枚貝類や頭足類（イカやタコ、オウムガイの仲間）、多盤類（ヒザラガイ類）などが入っている。アワビは、腹足類の中のミミガイ科というグループに属している。

　"ミミガイ"という名前は、アワビの形から付けられたものだ。そういわれれば、アワビの殻の形は耳の形に似ているといえなくもない。日本語では"ミミガイ科"だが、世界共通の学名では

"Haliotidae"という。この言葉は、ギリシャ語のhalios（海）とotos（耳）を合わせたものだ。英語では"abalone（アバローニ）"と呼ばれるが、"ear shell"という別名も持つ。やはり"ミミガイ"なのだ。まさにこの"ミミガイ"という名前の種類のアワビがいるが、この種類の貝殻の形は確かに人の耳の形によく似ている（図2-1f）。

世界中には60～90種くらいのアワビ類が生息するといわれている。なぜそんなにいい加減な数字なのかというと、アワビ類の種

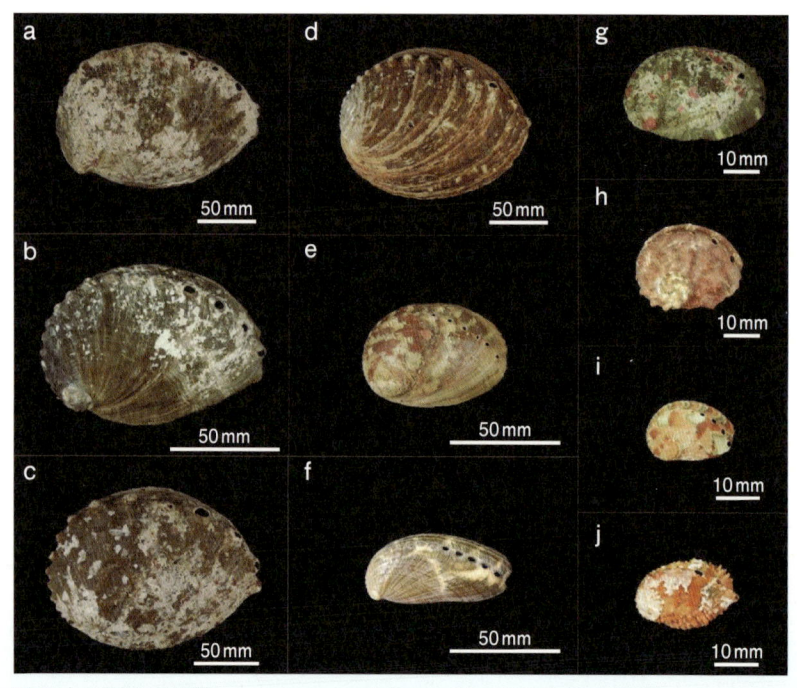

図2-1　日本産アワビ類
　　　　a：クロアワビ（*H. discus discus*）、b：エゾアワビ（*H. discus hannai*）、c：マダカアワビ（*H. madaka*）、d：メガイアワビ（*H. gigantea*）、e：トコブシ（*H. diversicolor*）、f：ミミガイ（*H. asinina*）、g：イボアナゴ（*H. varia*）、h：マアナゴ（*H. ovina*）、i：チリメンアナゴ（*H. crebrisculpta*）、j：コビトアワビ（*H. jacnensis*）

第2章 アワビの仲間たち

の分類についての研究はまだ十分に進んでおらず、種の分け方についてもいろいろな説があるからだ。非常によく似た種類がたくさんあって、見た目の形で種を分けることはむずかしい。最近では遺伝子を用いた分類の研究がかなり進んできたので、近い将来にはもう少しはっきりと世界に何種類のアワビ類がいるのかを示すことができるようになるだろう。

いずれにしても、ミミガイ科に属する貝類はすべてアワビの仲間だ。殻の基本的な形はどれもよく似ているが、それでも種によって様々な色や形がある。大きさにもずいぶんと幅がある。大きな種類ではおとなになると殻の大きさ（殻長）が30センチメートルにも達するが、小さな種類ではおとなになっても数センチメートルしかない。

ミミガイ科をさらに大型のアワビ類（アワビ属）と小型のトコブシ類（トコブシ属）の2つの属というグループに分類する説もあるが、現在ではミミガイ科に属する種をすべてアワビ属（*Haliotis*）に分類するのが一般的である。

ちなみに生物の種の名前（学名）は、専門的には属の名前と種の名前の2つで表される。例えば、ライオンは *Panthera leo*、ヒョウは *Panthera pardus*、トラは *Panthera tigris*。必ず斜体（イタリック体）で書くという決まりがある。Panthera ではなく *Panthera* だ。ライオンとヒョウとトラは、すべて同じヒョウ属（*Panthera*）に属する分類的には非常に近い種類の動物なのだ。トラという1つの種は、さらにベンガルトラ *Panthera tigris tigris*、アムールトラ *Panthera tigris altaica*、スマトラトラ *Panthera tigris aumatrae* な

> もっと知りたい！

軟体動物の系統（類縁）関係

　軟体動物とは、無脊椎動物の中の"軟体動物門"という1つの大きなグループのこと。昆虫やエビ・カニ類（甲殻類）を含む節足動物門に次いで多くの種類が属する大きなグループだ。系統的には、ミミズやゴカイの仲間が属する環形動物門に近い。

　軟体動物は、深海から高山にいたるあらゆる環境に住んでいる。サザエやアワビ類、カタツムリの仲間などの腹足綱（巻貝類）、アサリやハマグリ、ホタテガイなどの二枚貝綱、イカ類やタコ類などの頭足綱など8つのグループ（綱）に分けられる。貝殻を持つ種類は"貝類"と呼ばれる。イカやタコ、ナメクジ、ウミウシなどは進化の過程で貝殻を失った種類だ。溝腹綱と尾腔綱はもともと貝殻を持たない原始的なグループである。

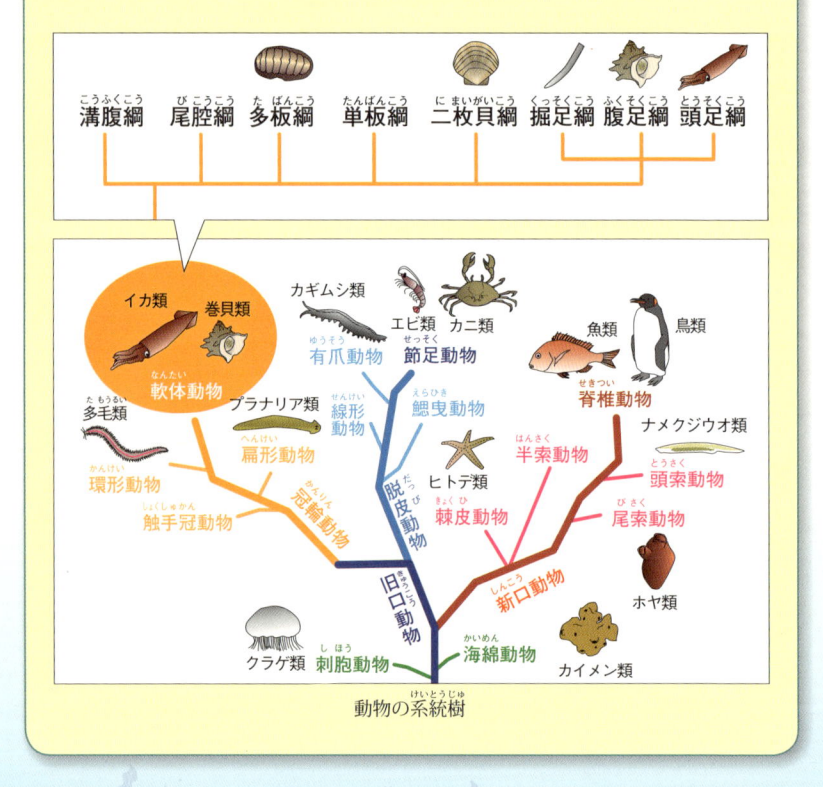

溝腹綱　尾腔綱　多板綱　単板綱　二枚貝綱　掘足綱　腹足綱　頭足綱

動物の系統樹

軟体動物（イカ類、巻貝類）
多毛類
環形動物
触手冠動物
扁形動物（プラナリア類）
冠輪動物
有爪動物（カギムシ類）
節足動物（エビ類、カニ類）
線形動物
鰓曳動物
脱皮動物
旧口動物
棘皮動物（ヒトデ類）
半索動物
頭索動物
尾索動物（ホヤ類）
脊椎動物（魚類、鳥類、ナメクジウオ類）
新口動物
刺胞動物（クラゲ類）
海綿動物（カイメン類）

どのいくつかの亜種に分けられる。属名（*Panthera*）と種名（*tigris*）のあとに続く3つめの名前が亜種名である。ライオンやヒョウにも同じようにいくつかの亜種がある。

種と亜種のちがいを詳しく説明すると長くなるので、本書ではやめておこう。興味のある人は調べてみてほしい。

日本の海に住むアワビたち

日本には以下のような9種と1亜種のアワビ類が生息する（図2-1：16ページ）。

クロアワビ　*Haliotis discus discus*
エゾアワビ　*Haliotis discus hannai*　（クロアワビの亜種）
マダカアワビ　*Haliotis madaka*
メガイアワビ　*Haliotis gigantea*
トコブシ　*Haliotis diversicolor*
イボアナゴ　*Haliotis varia*
マアナゴ　*Haliotis ovina*
チリメンアナゴ　*Haliotis crebrisculpta*
ミミガイ　*Haliotis asinina*
コビトアワビ　*Haliotis jacnensis*

クロアワビ、マダカアワビ、メガイアワビ、エゾアワビは、殻長が最大15〜20センチメートル以上にもなる大型の種類である。

トコブシとミミガイの殻は最大 10 センチメートルほど、イボアナゴとマアナゴはさらに小さくて最大 5 〜 6 センチメートルほどだ。チリメンアナゴやコビトアワビは 2 センチメートル程度にしかならない。ミミガイは他の種類とは少し変わっていて、殻よりも身の部分（軟体部）の方が大きい。体が殻からはみ出している（図 2-2）。

日本の海に生息するこれら 10 種類のアワビの中で "なんとかアワビ" という名前を持つのは、コビトアワビを除けば大型の種類だけだ。小型の種類でもトコブシやイボアナゴなどたくさん漁獲されているものもあるが、"アワビ" という名前を付けてもらえず、値段も大型の "アワビ" のように高くない。

トコブシという名前は、海底の岩の上に伏せたようにくっつく様子から付いたといわれている。イボアナゴのように "なんとかアナゴ" という、魚とまちがわれそうな名前を持つアワビ類が何種類かいるが、"アナゴ（穴子）" は穴状のくぼみに住んでいることから付けられた名前である。

アワビ類はどの種類も餌となる海藻類が生える浅い海底に住むが、北から南に流れる寒流（冷たい海流）である親

図 2-2　ミミガイの殻（上）と生きたミミガイ（下）

第2章　アワビの仲間たち

潮とリマン海流の影響が強い場所、つまり千葉県銚子より北の太平洋沿岸と北海道の日本海沿岸にはエゾアワビ1種類だけが分布する。残りはすべて暖流（黒潮と対馬海流）の影響が強い暖かい海域に生息している（図2-3）。エゾアワビは朝鮮半島沿岸と中国沿岸にもいるといわれているが、具体的にどこまで分布しているのかはわからない。朝鮮半島や中国沿岸にいるアワビが本当にエゾアワビなのかも、実のところよくわかっていない。北海道の太平洋岸やオホーツク海にはエゾアワビも生息していない。冬の間の水温が低すぎるためだ。

　クロアワビ、メガイアワビ、マダカアワビの3種は、銚子より南の本州太平洋沿岸と青森県津軽海峡より南側の本州日本海沿岸、それに九州、四国の沿岸に生息している。韓国の済州島沿岸にも分

図2-3　日本周辺の海流と主要なアワビの分布

布するといわれているが、3種とも分布しているのか、そのうちのどれかが生息しているのかよくわからない。

クロアワビとエゾアワビの区別はとてもむずかしく、見た目の形で正確に分けることはできない。遺伝子を調べてみても、両者をはっきりと区別できるちがいはないことがわかっている。分けようと思えば分けられる、程度のちがいしかない。クロアワビの雌とエゾアワビの雄で子どもをつくることもできるし、その逆の組み合わせでも可能だ。その子どもも繁殖能力（子どもをつくる能力）を持つので、両者は別の種でないことははっきりしている。

しかし、クロアワビとエゾアワビの行動にはずいぶん大きなちがいがある。クロアワビは昼間に潜って探してもなかなか見つけることができない。岩のすき間などに隠れているのだ（図 2-4）。動きはすばやく、夜になると岩の表面に出てきてよく動きまわる。それに対してエゾアワビは、昼間でも岩の表面に張り付いており、クロアワビほど動きは速くない。このように行動が大きくちがうので、現在は分布域によってこれらを亜種として区別しているが、この関係については今後見直されるかもしれない。

図 2-4　岩のすき間に隠れるクロアワビ

マダカアワビについても、遺伝子を調べた最近の研究によって、クロアワビやエゾアワビと遺伝的に非常に近い種類ということがわかり、別の種として分けることはできないのではないかと考えられはじめている。

第2章　アワビの仲間たち

ダカアワビはクロアワビよりもやや深い場所に住んでいるが、クロアワビとの間で繁殖することも可能だ。これらの2種は、殻の全体的な形はよく似ているが、ある特徴のちがいから容易に分けることができるといわれている。呼水孔と呼ばれる殻に空いた孔の周りの形が異なるのだ。マダカアワビの呼水孔は、クロアワビの呼水孔に比べて殻からかなり高く飛び出している（図2-5）。ところが、この孔の周りの形には生息する地域や個体によってかなりばらつきがある。呼水孔が比較的低いマダカアワビや、比較的高いクロアワビもいるのだ。これらを並べてみると、自信を持って両者を分けることはできなくなってしまう。

　日本に分布する大型のアワビ類4種のうち、メガイアワビだけは他の3種とはっきりとちがっていて、殻の形からも容易に区別できる。遺伝子を調べても、はっきりと異なることがわかっている。

　少し小型のトコブシも、クロアワビ、メガイアワビ、マダカアワビと同じ海域に分布している。トコブシは、さらに南の伊豆諸島や南西諸島、台湾にも生息する。伊豆諸島や南西諸島に分布するもの

クロアワビ　　　　マダカアワビ　　　高く飛び出ている

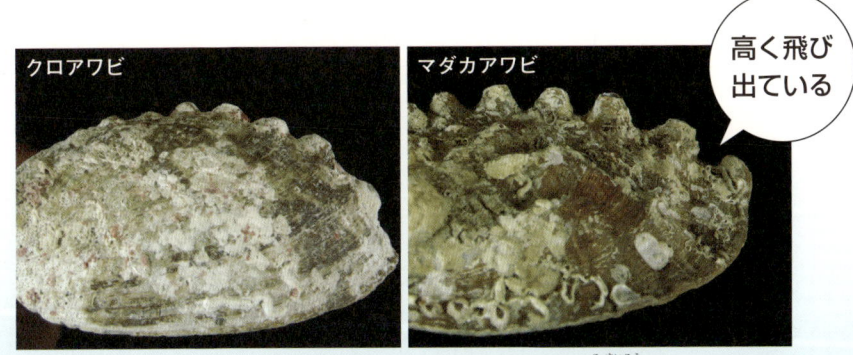

図2-5　クロアワビ（左）とマダカアワビ（右）の呼水孔

を、フクトコブシ（*H. diversicolor diversicolor*）としてトコブシ（*H. diversicolor aquatilis*）の亜種とする考えもあるが、遺伝子を調べた研究によれば、両者には亜種として区別するほどのちがいはないという。殻の形や特徴からも両者をはっきりと分けることはむずかしい。トコブシはインドネシアなど東南アジアにも生息するといわれているが、本当かどうかわからない。東南アジアには、トコブシに似ているが別種とされる種が何種類かいる。アワビ類の種や亜種

もっと知りたい！

アワビ類の呼水孔

　アワビ類の殻の片側の縁に近い部分には、呼水孔と呼ばれる孔が1列に並んでいる。呼吸のための海水を出し入れする孔だ。卵や精子もこの孔から海中に放出する。殻長2ミリメートル程度のころに1つめの呼水孔ができ、それ以降は成長とともに数が増えていくが、一定の数になると古い方の呼水孔からふさがっていく。口の開いた呼水孔の数はアワビの種類によって決まっていて、クロアワビやエゾアワビ、メガイアワビなど大型のアワビ類の成貝（おとな）では4～5個、トコブシの成貝では6～8個である。クロアワビやエゾアワビの小さい個体とトコブシはよく似ているが、開いた呼水孔の数を数えれば簡単に区別することができる。

クロアワビ（左）とトコブシ（右）の呼水孔

第2章 アワビの仲間たち

　の区別はとてもむずかしいのだ。
　それ以外の小型種は、紀伊半島や伊豆諸島より南の暖かい海に住んでいる。ミミガイやコビトアワビは主にサンゴ礁に生息している。

第3章 アワビの産卵と生まれた幼生たちの暮らし

　アワビと人間のかかわりの歴史は長い（第7章）。特に、日本人はアワビが好きだ。世界に先駆けてアワビの子ども（稚貝）を人工的に生産する技術を開発した。そのため、アワビを飼育し、子どもを産ませ、生まれた子どもを育てるための研究は古くから活発に行われてきた（第8章）。しかし、野生のアワビが海の中でどのような暮らしをしているのかは長いこと謎だった。

　最近の研究によってようやく、アワビが海の中でどのように産卵し、生まれた子どもたちがどこでどのような暮らしをしているのかがわかってきた。第3～5章では、アワビたちが海の中でどのように生きているのかを紹介しよう。

アワビの産卵と台風の不思議な関係

相模湾のトコブシは台風が通過したときにのみ産卵する！

　日本列島は台風の通り道になっている。特に沖縄から九州沿岸、四国と関東より西の本州太平洋沿岸では毎年のように台風が通過し、私たち人間社会にもしばしば強風や大雨による大きな被害をもたらす。

　海も台風が来ると大しけ（大風が吹いて海が荒れること）となり、海水中ばかりでなく海底もめちゃくちゃにかき混ぜられる。海底に

第**3**章　アワビの産卵と生まれた幼生たちの暮らし

図 3-1　エゾアワビ雌雄の産卵（左）と放精（右）（右図は酒井勇一氏撮影）

生きる生き物たちにとっては大変な災難だろう。ところが、その台風が相模湾に住む小型アワビ類のトコブシにとってはなくてはならない大切なものだということがわかってきた。

　アワビには雌と雄がいる。雌と雄がそれぞれ卵と精子を海中に放出して（図 3-1：それぞれ産卵または放卵、放精と呼ばれる）、それらが海中でくっつくことで受精が行われる。これがやがてふ化して赤ちゃん（幼生）になる。卵はある程度かたまって海底に沈むが、精子は時間がたつにつれて周囲に広がり、濃度が薄くなっていく。卵や精子は時間経過とともに弱ってしまい、受精可能な時間は放出されてから数時間程度しかない。つまり、受精を成功させるためには、雌雄がほぼ同時に産卵、放精を行う必要があるのだ。

　魚などでは、雌雄が繁殖のため配偶行動と呼ばれる一連の"儀式"を行うことによって、寄り添って同時に産卵、放精を行うことが多い。秋になるとサケが生まれ故郷の川に帰ってきて、川底で雌雄が配偶行動を行って産卵、放精を行う場面は、テレビなどでよく放映されるので見たことがある人も少なくないだろう。しかし、アワビ類ではそのような配偶行動はあまり見られない。その代わりに、

環境の急激な変化などにあわせて雌雄が同時に産卵、放精を行う。何らかの環境変化を産卵、放精の"合図"としているのだ。

オーストラリアのグレートバリアリーフに生息する小型アワビ類のミミガイでは、ほぼ2週間に1度、満月と新月にあわせて産卵、放精が一斉に行われたことが報告されている。サンゴの仲間でも、満月や新月の日に一斉に産卵、放精を行うものが知られている（図3-2）。大きく動くことのできない動物にとって、雌雄が産卵と放精を同時に行うことは受精の確率を高めるために重要なことだが、どのような環境変化がそのための"合図"として使われているのかは、ほんのわずかな動物でしかわかっていない。

図3-2 サンゴの産卵

相模湾に生息するトコブシは、台風または台風が来ると必ず生じる大しけを"合図"にして、多くの個体が同時に産卵、放精を行うと考えられる。私たちが2001〜2004年に相模湾東岸で行った調査で、この海域に生息するトコブシの産卵、放精が、この期間に通過した7個の台風の通過時に行われたことがわかったのだ。満月や新月のときには、産卵も放精も見られなかった。またこの期間には、水温が急に数℃上下することもあったが、それらに反応して大規模な産卵や放精が起こることもなかった。小さな低気圧が通過して海が多少荒れることもあったが、そのような小さなしけのときには産卵、放精は起こらなかった。本当に台風が来たときにだけ、産卵、放精が起こったのである。

第3章　アワビの産卵と生まれた幼生たちの暮らし

アワビが"しけ"にあわせて産卵するわけ

　三陸沿岸に生息するエゾアワビでも、しけのときに多くの個体が産卵、放精する。しかしエゾアワビでは、必ずしも台風でなくても、比較的小さな低気圧が通過して小さなしけが発生したときにも産卵、放精が行われる。相模湾のトコブシは、台風が通過して大しけになったときにしか産卵、放精を行わなかった。いつ来るかもわからない台風の通過にあわせて、雌と雄が一斉に産卵、放精するのだ。

　台風や低気圧が通過したときに生じるどのような環境変化が具体的に産卵、放精の"合図"となるのかはまだわかっていないが、相模湾に生息するトコブシにとって台風の通過は、子孫を残すためになくてはならないものだ。相模湾でトコブシが産卵、放精を行うのは6月から10月だが、ほとんどの台風はこの時期に日本列島を通過する。ほぼ毎年台風が通過する関東より西の地域に分布するトコブシにとって、台風は一斉に産卵、放精を行うための"合図"として好都合なものだろう。一方、必ずしも毎年台風が通過するわけではない東北地方太平洋岸に生息するエゾアワビは、小さな低気圧が通過したときに生じる小規模なしけのときにも産卵、放精を行うことで、台風が通過しない年にも子孫を残すことができる。

　台風は相模湾に住むトコブシにとって、なくてはならないものだが、海底の岩盤や石の上に住む小さな稚貝にとっては、台風によって起こる強い波や流れは大変危険でもある。台風が続けて何度も来ると、小さな稚貝の多くは岩や石からはがされたり、石ごと転がって押しつぶされてしまう。トコブシにとっては、台風がまったく来ないと産卵、放精を行うことができないが、台風がた

くさん来ても困るのだ。

　台風といえば、かつては秋の風物詩の１つだった。しかしここ数年、初夏や冬場にも季節外れの台風がよく発生する。地球温暖化の影響ではないかとの報道もよく見かける。このような"異常気象"といわれる現象が、本当に私たち人間が引き起こしている地球温暖化の影響によるものかどうかはまだわかっていないが、地球全体の気候の変化によって、台風が発生する時期や頻度、場所、大きさ、進む方向などが変わることは本当らしい。台風が日本列島を通過する時期や回数、コースが変わるとすれば、それがトコブシの産卵や生き残りに重大な影響をおよぼすことはまちがいない。

アワビは泳ぐ!?

アワビは本当に泳ぐか？

　「アワビは泳ぐ」という話を、アワビを獲る漁師さんから聞いたことがある。それも１度や２度ではない。どうやらアワビは本当に"泳ぐ"ようだ。

　といっても、皆さんの知るあのアワビは、魚のように泳ぎに適した体を持っているわけではなく、実際に長い距離を泳げるとは思われない。アワビの殻や軟体部（身の部分）はかなり重く、海に落とすと沈む。しかし平たい形をしているため、横にして水に落とすと、真っすぐに下に落ちずにゆらゆらと落ちていく。重い板でも横にして海に浮かべると、しばらく浮いているのと同じだ。流れが強い場所では、横方向にかなり遠くまで流されるかもしれない。このよう

第3章　アワビの産卵と生まれた幼生たちの暮らし

な様子を見た漁師さんが、アワビは泳げるのだと思ったのだろうか。

　もう1つ、アワビが泳いでいるかのように見える状況（じょうきょう）が思い浮かぶ。ああ見えてアワビは意外に逃（に）げ足の速い動物なのだ。種類によっても性質はちがうが、トコブシやクロアワビ、エゾアワビなどは実に速く動くことができる。トコブシは、人がひっくり返すことができる程度の大きさの石の側面などによく付いている。海中でトコブシの付いている石をひっくり返すと、トコブシは大急ぎで岩の表面をはって逃げようとする（図 3-3）。その様子は、"はっている"というようなゆっくりとしたものではなく、まさに岩の表面を"走る"かのよう。水族館の水槽（すいそう）のガラス面に張り付くアワビの姿からは想像できない速さだ。これをみると、アワビが岩の表面を"泳いでいる"ように思うかもしれない。

　皆さんが頭に思い浮かべるあのアワビは、実際にはたぶん泳ぐことはできない。しかし、生まれたてのアワビの赤ちゃんは実は本当に"泳ぐ"のだ。アワビに限らず多くの貝類は、生まれて間もない時期にプランクトンとして浮遊（ふゆう）生活を送る。

　ちなみに"プランクトン"というと、"小さな生き物"というイメージを持つかもしれない。実際にテレビ番組などでは、水の中に住む小さな生き物のことをプランクトンと呼んでいる場合がある。しかし、これはまちがいだ。プランクトンは、日

図 3-3　岩の上をはうトコブシ（鬼塚年弘（おにづかとしひろ）博士撮影）

本語では"浮遊生物"といい、あまり速く泳ぐことができない水中を漂う生物のことを指す。植物か動物かで植物プランクトンと動物プランクトンに分けられるが、動物プランクトンの中にはクラゲのような大きな生き物も含まれる。自分ではまったく泳ぐことができない、あるいは泳ぐことができてもあまり速くないため、流れに逆らうことができず水中に漂っている生物はすべてプランクトンと呼ばれる。大きさは関係ない。

　逆に、どんなに小さくても海底や何か他の物体に付着する生物はプランクトンとは呼ばれない。それらはベントス（底生生物）と呼ばれる。植物プランクトンの代表例に、珪藻という微細な単細胞の藻類の仲間がいるが、珪藻の中には岩の表面などにくっついて生きている種類もたくさんいる。これらは、付着珪藻あるいは底生珪藻

> もっと知りたい！

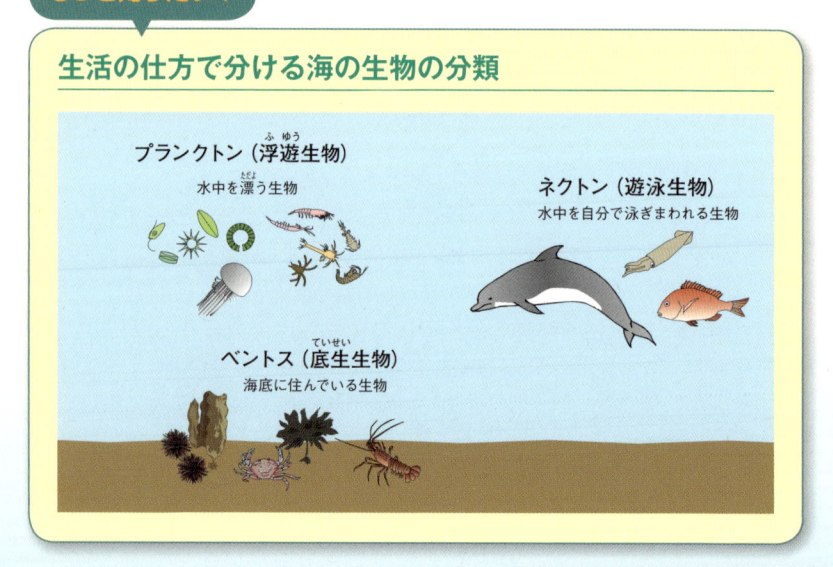

生活の仕方で分ける海の生物の分類

プランクトン（浮遊生物）
水中を漂う生物

ネクトン（遊泳生物）
水中を自分で泳ぎまわれる生物

ベントス（底生生物）
海底に住んでいる生物

第3章　アワビの産卵と生まれた幼生たちの暮らし

と呼ばれる"ベントス"なのだ。水中に浮遊するプランクトンの珪藻は"浮遊珪藻"と呼ばれる。同じ仲間の生物でも、その生活の仕方によって、プランクトンとベントスに分かれるのである。また、水中を泳ぎまわる魚やイカのような生き物はネクトン（遊泳生物）と呼ばれる。覚えておいてほしい。

前に述べたように、アワビには雌と雄がいる。雄と雌がそれぞれ精子と卵を海中に放出して、それらが海中でくっつくことで受精が行われる。受精卵は1日ほどでふ化し、赤ちゃん（幼生）が誕生するわけだが、この赤ちゃんがプランクトンなのだ。

海に漂うアワビの幼生

生まれたての赤ちゃん（図3-4）の大きさは0.3ミリメートルほどしかない。目の良い人なら肉眼でも見えるかもしれないが、小さな砂粒にしか見えないだろう。まだ貝殻は持っておらず、トロコフォア幼生と呼ばれる。トロコフォア幼生は、1日程度で殻を持つベリジャー幼生に変態する。"変態"とは、いもむしがサナギになりチョウになるような急激な形の変化のことであり、昆虫などでよく知ら

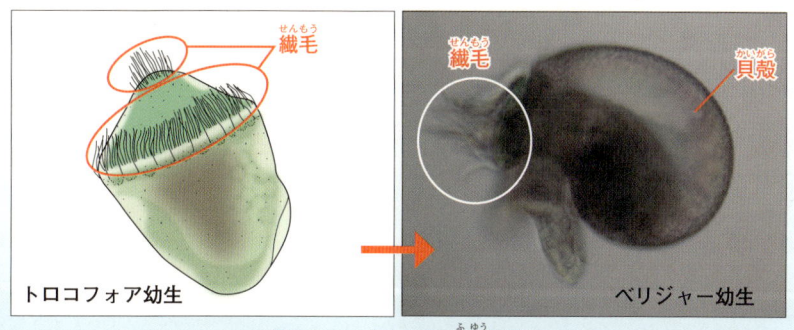

図3-4　エゾアワビの浮遊幼生

れているが、アワビも生まれて間もない時期に変態する。

　トロコフォア幼生とベリジャー幼生をあわせて浮遊幼生と呼ぶが、いずれも繊毛（せんもう）と呼ばれるたくさんの短い毛を持ち、これを動かして泳ぐことができる。"泳ぐ"とはいっても、魚のように流れに逆らって泳げるわけではなく、水中を上下方向に移動する程度の泳ぎだ。つまり、この時期にはアワビは動物プランクトンなのである。

　アワビの浮遊幼生はまったく餌（えさ）を食べない。浮遊生活を送っている間の栄養は、母親からもらった卵黄（らんおう）のみにたよっており、浮遊している間は成長しない。"卵黄"とは、漢字の意味のとおり、卵の黄身に当たる部分であり、子どもの発育に必要な栄養分となる。同じ貝類でも、アサリのように浮遊幼生のときに餌を食べるものもいる。浮遊幼生のときに餌を食べない生物では、幼生として浮遊している期間が餌を食べる生物に比べて短いことが多い。アワビの場合には、最短で数日間ほどしか浮遊していない。

　ベリジャー幼生は数日から数週間海中を漂ったあと、海底の岩の表面などにくっついて（この過程を"着底（ちゃくてい）"と呼ぶ）稚貝へと変態する。プランクトンからベントスになるのだ。しかし、あとから述べるように、アワビの浮遊幼生は海底ならどこにでもくっついて稚貝に変態するわけではない。ある決まったお気に入りの場所でしか変態しない。海底に降りたとき、そこがお気に入りの場所でない場合には変態せず、また泳ぎ出して海流に乗り、別の場所に運ばれる。エゾアワビでは、最長で2週間くらい浮遊生活を続けられる。この間に幼生は海流に乗って、生まれた場所からかなり遠く離れた（はな）場所にまで流される可能性がある。その間に必要な栄養が卵黄の中に

第3章 アワビの産卵と生まれた幼生たちの暮らし

蓄えられているのだ。

　浮遊幼生が実際にどこまで流されるのかについてはまだよくわかっていないが、産み出された親のいる場所から数十キロメートルも離れた場所に流されるという研究結果もある。どこまで流されるかは海流の強さや向き、海底の地形によっても影響されるので、場

> **もっと知りたい！**

アワビ類の生活史

　受精卵からふ化したアワビ類の幼生は、数日から最大2週間ほど海の中を漂う"浮遊生活"を送ったあとに無節サンゴモ上に着底し、稚貝へと変態する（底生生活へと変わる）。変態した稚貝は1日以内に餌を食べ始め、新しい殻を作って成長を始める。殻長2ミリメートルほどに成長すると、呼水孔を形成し始める。成長速度は環境条件によって変化し、種類によってもちがいがあるが、冷たい海に住む（成長の遅い）エゾアワビ（下図）では生まれて1年で殻長1～2センチメートル程度に成長する。生後3～4年たって殻長5センチメートルほどになると産卵・放精が可能になる（成貝になる）。

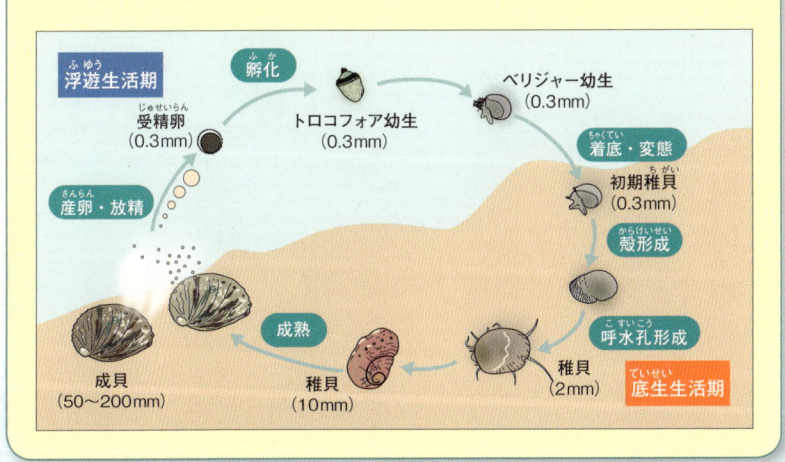

浮遊生活期
孵化
受精卵（0.3mm）
トロコフォア幼生（0.3mm）
ベリジャー幼生（0.3mm）
着底・変態
初期稚貝（0.3mm）
殻形成
呼水孔形成
稚貝（2mm）
底生生活期
産卵・放精
成熟
稚貝（10mm）
成貝（50～200mm）

所によってもちがうが、同じ場所にいるアワビのおとなと子どもは本当の親子ではないかもしれない。

アワビの幼生が泳ぐのは何のため？

　アワビのように、稚貝になってしまうとそれほど遠くに移動できないベントス（底生生物）にとって、浮遊幼生期に生まれた場所から遠く離れて移動することはとても重要なことだ。特に、環境の変化が大きい海に住むベントスにとっては重要だろう。

　もし、一生を通じてほとんど移動できないとしたら、その生物は非常に限られた場所にだけ生息することになるだろう。周りにいる他の個体の多くが親戚であるため、血のつながりの強い親戚同士で繁殖する近親交配と呼ばれる状態となり、遺伝的多様性が失われてしまう。遺伝的多様性とは、同じ種が持つ遺伝子の中に幅広く性質の異なるものが存在することだ。それが失われるということは、つまり同じ場所に生息する同じ種類の生き物（このような集団を個体群と呼ぶ）が皆、同じような能力を持つことになる。このような場合、急激な環境の変化が起こった場合に個体群全体がその変化に対応できず、死に絶えてしまうかもしれない。遺伝的多様性があると、そのような環境変化に耐えられる、他の多くの個体とは異なる潜在能力を持った個体がいるかもしれない。そのような個体が生き残り、個体群としてあるいは種としての絶滅を避けられる。ほかの個体とちょっとちがった能力を持った"変わり者"が大切なのだ。浮遊幼生のときにいろいろな場所へと生息場所を広げること、他の群れとメンバーチェンジすることは、遺伝的多様性を高め、様々な環境

第 **3** 章　アワビの産卵と生まれた幼生たちの暮らし

もっと知りたい！

生物多様性

　「多様性」とはいろいろと種類のちがったものがあることをいう。最近何かと話題に上る「生物多様性」は、1992年にブラジルのリオデジャネイロで開催された環境と開発に関する国際連合会議（地球サミット）で、「すべての生物の間の変異性をいうものとし、種内の多様性、種間の多様性、及び生態系の多様性を含む」と定義されている。

　「種内の多様性」は「遺伝子の多様性」とも呼ばれ、同じ種の中で異なる遺伝子を持つことにより、個体や個体群によって形や色、模様、生態などに多様性があることをいう。「種間の多様性」は「種の多様性」ともいい、地球上に多くの多様な種が存在することだ。「生態系の多様性」は、森林、草地、河川、干潟、サンゴ礁、藻場など、いろいろと異なるタイプの自然があることを指す。

① 種内（遺伝子）の多様性

② 種間（種）の多様性

③ 生態系の多様性

の変化に適応できる能力を持つために重要なことなのだ。

　一方、幼生が浮遊して生まれた場所から離れることは良いことばかりではない。親のアワビが住んでいるということは、つまりそこでアワビの幼生が着底して稚貝になり、生き残って大きくなったわけで、アワビが暮らせる環境(かんきょう)が整っている場所である。そこから離れてちがう場所に着底した場合、そこがアワビ稚貝の生息に適した場所かどうかわからない。幼生の流れ着いた先が岸から離れた沖合(おきあい)であれば、深い海底に着底しても食べる餌がない。2週間たってもいっこうにお気に入りの場所に着けないことだってあり得る。新しい場所に生息場所を広げられるチャンスと危険はいつも隣合(となりあ)わせにある。

　もっとも、浮遊幼生期をまったく持たない貝類も数多く存在する。卵の中で幼生が発育し、稚貝になってから卵からはい出してくる、"直達発生型(ちょくたつはっせいがた)"と呼ばれる種(しゅ)である。それでは近親交配が進んでしまうではないかと思うかもしれないが、心配はいらない。そのような種の場合、親になったあとの移動能力が高いなど、近親交配を防ぐ別のしくみをちゃんと持っているのだ。

第4章
稚貝たちの海底での暮らし ①生息場所

　海に漂うアワビの幼生たちは、いったい海底のどのような場所にどうやって"着底"するのだろうか？　幼生は、1度海底にくっついて稚貝に変態すると、その後はそう簡単に遠くへ移動することはできない。どこに着底するかは幼生にとってすごく大切なことなのだ。だからアワビの浮遊幼生は、ある決まった場所を選んで着底、変態する。

アワビが好きなピンクの海藻

アワビの幼生が着底する"無節サンゴモ"

　アワビの浮遊幼生は、"無節サンゴモ"と呼ばれるピンクの海藻の上に好んで着底する。

　図4-1が無節サンゴモである。「これが海藻なの？」と疑問に思うかもしれない。石の表面を濃いピンク色のペンキで塗ったかのような写真だが、これでも立派な海藻だ。海苔の仲間などと同じ紅藻類というグループに入る。1種類の海藻を指すわけではなく、非常に多くの種類が世

図4-1　無節サンゴモ

界中に分布している。しかし、この無節サンゴモの仲間はどの種類も似たように見え、この海藻を専門に研究している人にしか見分けがつかない。

　無節サンゴモは別名"石灰藻"とも呼ばれ、石灰質の非常に硬い体を持つ。岩盤や石、海藻などの表面をおおうようにして増える。岩が多くて光が差しこむ浅い海底ならたいていどこにでも見られる。磯に行ったら探してみてほしい。潮だまりの中の石の表面がピンクや赤褐色、ピンクがかった白のペンキで塗られているように見えたら、それが無節サンゴモだ。

　ちなみに、無節サンゴモの仲間は文字どおり体に節を持たないが、同じ"サンゴモ類"の中には、体に節を持つ"海藻"らしい形をした有節サンゴモ類（図4-2）と呼ばれるものもいる。こちらも石灰質の硬い体を持っている。

　話が脱線しかけたが、アワビの浮遊幼生はこの無節サンゴモ上に着底し、そこで稚貝へと変態する（図4-3）。これまでに調べられた世界中のすべての種類のアワビ類幼生が、無節サンゴモ類（種類は場所によってちがう）を選んで着底、変態したのだ。

図4-2　有節サンゴモの一種ヘリトリカニノテ（左）と有節サンゴモの群落（右）（早川 淳博士撮影）

第4章 稚貝たちの海底での暮らし ①生息場所

　アワビの幼生はどうやって無節サンゴモを選ぶのだろうか。世界中の多くの研究者が調べた結果、無節サンゴモがアワビ類浮遊幼生の着底と変態を引き起こす物質を出すことがわかった。といえば何かむずかしそうな話に聞こえるが、要するに、無節サンゴモのにおいにアワビの幼生が引き寄せられているのだ。私だって、カレーライスのにおいがする方に思わず引き寄せられそうになる。それと同じことだろう。

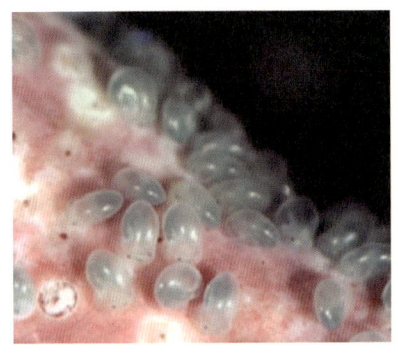

図4-3　無節サンゴモ上に着底したエゾアワビ初期稚貝（高見秀輝博士撮影）

　地上で"においがする"というのは、実は何らかの化学物質がそこから空気中に漂い出ていて、それが私たちの鼻の粘膜に到達していることを意味する。無節サンゴモからも何かの化学物質が海水中に出ていて、それをアワビの幼生が感じて引き寄せられるのだ。いったいどんな物質を出しているのか。その物質を世界中の研究者が長年探してきたが、いまだに「これだ！」というはっきりとした物質にはたどり着いていない。どうやら複数の物質が複雑に関与しているらしい。自然のしくみを解き明かすのはそんなに簡単ではない！

アワビ幼生はなぜ無節サンゴモに着底するのか？

　無節サンゴモが出すどんな物質がアワビの浮遊幼生を引き寄せるのか、という謎の解明に長年多くの研究者が取り組んできたわけだ

が、アワビの幼生にとって無節サンゴモにだけ着底することにどんな意味があるのか、ということも非常に興味深い。

　これらの謎を解き明かすことは人間にとっても役に立つ。すでに述べたように、アワビの仲間は日本や中国など主にアジアの人たちには食材として人気があり、値段がとても高い。しかし、人間が獲（と）りすぎたことによって世界中で天然のアワビは減ってしまい、多くの国で自由にアワビを獲ることはできなくなってしまった。これを補うために、人間が水槽（すいそう）の中でアワビを育てる養殖業（ようしょくぎょう）が盛（さか）んになってきた。日本では、水槽内でアワビをおとなの大きさにまで育てて売るという"養殖業"は実はあまり盛んではないが、稚貝を数センチメートルの大きさにまで育てて海に放流する"種苗放流（しゅびょうほうりゅう）"は活発に行われている。これについては第8章で詳（くわ）しく紹介（しょうかい）するが、いずれにしても、水槽の中でアワビに産卵（さんらん）させ、卵から浮遊幼生、稚貝に育てるためには、アワビがどのような条件で産卵し、幼生や稚貝がどのような条件でうまく成長して生き残るのかを知る必要がある。浮遊幼生から稚貝に変態させることは、この過程で最もむずかしいことの1つであり、これが自然界でどのようにして行われているかを理解することがとても重要だ。

　私がカレーライスのにおいに引き寄せられるのは、それが大好きな食べ物だからだ。アワビの幼生も無節サンゴモを食べたいからではないか……。

　ところが、アワビの稚貝はかなり大きくなるまでは無節サンゴモを食べることができない。無節サンゴモの体は非常に硬く、岩の表面に強くくっついているため、小さなアワビの稚貝はこれをはがす

第4章 稚貝たちの海底での暮らし ①生息場所

ことができないのだ。無節サンゴモは少なくとも小さなアワビの餌にはならない。

アワビの幼生が無節サンゴモに引き寄せられるのは、アワビにとって重要なためではなく、逆に無節サンゴモにとって意味のあることなのでは、と考えた人たちがいる。無節サンゴモは、岩の表面をおおうように増える海藻、すなわち植物だ。植物なので光合成を行い、生きるためには光を必要とする。無節サンゴモはこの光を確保するために、動物を引き寄せて利用しているというのだ。

無節サンゴモに好んで着底するのはアワビの幼生ばかりではなく、巻貝類やウニ類など他の多くの動物の浮遊幼生が無節サンゴモに着底する。だから無節サンゴモの上には、非常に多くの植食動物が生息している。昼間には岩のすき間や裏側に隠れているためあまり目立たないが、夜には多くの生き物が無節サンゴモの表面をはいまわっている。この動物たちを実験的に取り除いてしまうと、無節サンゴモの表面はすぐに多くの海藻におおいつくされてしまう。こうなると、無節サンゴモは表面から光を得ることができなくなり、やがて枯れてしまう。しかし、無節サンゴモの上をはいまわる動物たちが無節サンゴモ上に付いた海藻の小さな芽（幼芽）を大きくなる前に食べてしまうため、無節サンゴモが海藻におおわれずにすんでいるのだ。

ちなみに、無節サンゴモの上に海藻の幼芽が生えてくるのは、海藻が遊走子と呼ばれる胞子（陸上植物の種のようなもの）を海中にたくさん放出しているからだ。海藻の種類によって、特定の季節に遊走子を放出するものや1年中放出するものがある。遊走子は目

に見えない大きさだが、岩の上などに付いたあと生長して幼芽となり、じょじょに大きくなっていく。

　無節サンゴモの仲間は、外側の表皮を何週間かごとに"脱ぎ捨てて"、表皮の細胞を常に新しいものに交換している。ところが、ある種の無節サンゴモは、自分では表皮を脱ぎ捨てることができない。カサガイなどの貝類に削り取ってもらうのだ。このような種類にとって貝類の幼生を引き寄せて着底させることは、まさに生き残るために不可欠な戦略なのである。

　アワビなど植食動物の幼生を引き寄せて自分の体の上に着底させることは、無節サンゴモにとって確かに明確なメリット（利点）がある。それならアワビの幼生は、ただ無節サンゴモによって引き寄せられて利用されているだけなのか。

　「そんなバカな！」と考え、私たちはアワビにとってのメリットを探した。その結果、アワビの浮遊幼生が無節サンゴモをわざわざ選んで着底するだけの、アワビにとってのメリットがいくつも見つかった。

　アワビ類の浮遊幼生は着底後、少なくとも数カ月間にわたって無節サンゴモ上にとどまり、そこで成長することがわかってきた。アワビが何を餌として成長するのかについてはあとから詳しく説明するが、無節サンゴモの上にはアワビの稚貝が着底直後から数カ月間にわたって生きていくために十分な餌が用意されているのだ。無節サンゴモ上に着底することは、これだけでもアワビにとって十分に大きなメリットといえるではないか。無節サンゴモの上には、実はコンブなど大きな海藻の幼芽が生えやすい。無節サンゴモが群落を

第4章 稚貝たちの海底での暮らし ①生息場所

もっと知りたい！

海藻の生活史

　海藻類は複雑な生活史を持っている。分類群（褐藻類や紅藻類などの区分）によっても種によってもかなりちがっているが、図はマコンブ（褐藻類）の例を示している。私たちが食用とするコンブは胞子体と呼ばれるもので、コンブの生活史全体の半分程度の期間を過ごす姿にすぎない。胞子体のコンブは成熟すると遊走子と呼ばれる胞子を海中に放出する。遊走子は岩や石の表面に着生して、配偶体と呼ばれる状態になる。この配偶体は非常に小さく、雌と雄に分かれている。この状態で長期間生きることができ、マコンブの場合には生活史全体の半分程度の期間を配偶体で過ごす。雌と雄の配偶体は、決まった条件が整うとそれぞれ卵と精子をつくり、それらが受精して胞子体となる。胞子体は最初は小さく、じょじょに成長して大きくなっていく。小さな胞子体を幼芽と呼ぶ。

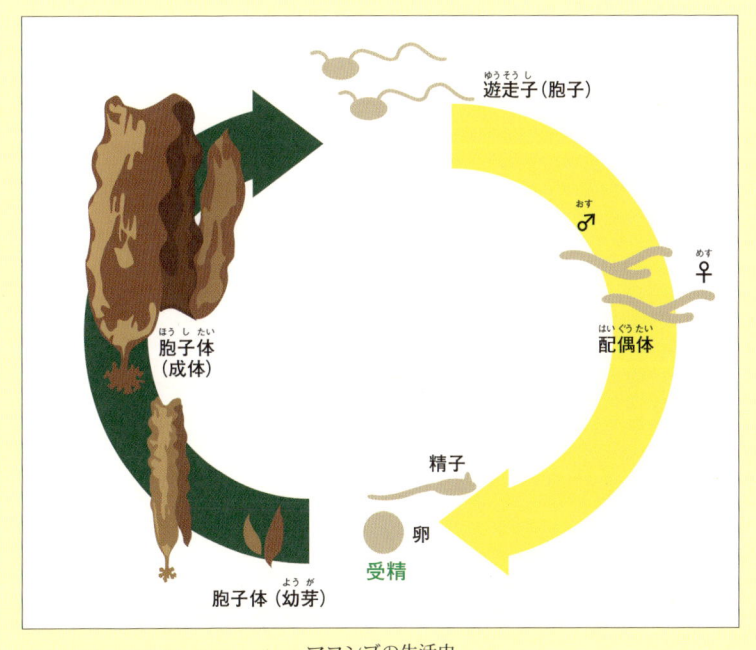

マコンブの生活史

作っている場所は、すなわち大きな海藻が生えていない場所だ。そのような場所では太陽の光を十分に得ることができるため、海藻の幼芽がたくさん生える。しかし、無節サンゴモがアワビなど植食動物の幼生を引き寄せ、その動物たちが無節サンゴモの上に生える海藻の幼芽を食べて取り除く。それは無節サンゴモが生き残るために重要であると同時に、アワビなどの植食動物にとって餌となる海藻の幼芽が生えやすい環境も作っているといえる。

　アワビにとってのメリットは他にも考えられる。その1つは無節サンゴモの表面のなめらかさだ。第1章で紹介したように、アワビは軟体部を貝殻の中にしまいこむことができない代わりに、危険を感じると軟体部を吸盤のように使い、殻と岩の表面を密着させて軟体部を殻の中に隠す。これは着底して間もない小さな稚貝でも同じ。無節サンゴモのなめらかな表面は、アワビが密着するのに非常に都合が良い。アワビなどの動物がはいまわり、表面をなめ続けることで、無節サンゴモの上に次々にくっついてくる藻類などの付着物を取り除いてなめらかな表面を維持している。いったいどちらが先なのかわからないが、うまくできているのだ。

　図4-4は生まれて数カ月はたったトコブシの稚貝である。無節サンゴモの上に付着しているが、よく注意してみないとわからないだろう。そう、トコブシ稚貝の殻の色は、無節サンゴモとそっくりの保護色になっている。他の種類のアワビの稚貝も同じような色をし

図4-4　無節サンゴモ上に付くトコブシ稚貝

第4章　稚貝たちの海底での暮らし ①生息場所

ている。これもアワビが無節サンゴモを選んで着底することの大きなメリットだと思われる。

　アワビの浮遊幼生が無節サンゴモという決まった海藻に着底することには、アワビにとってのメリットもたくさんあることがわかっただろう。無節サンゴモにむりやり着底させられているわけではなく、アワビたちが無節サンゴモを選んでいるとも考えられるのだ。2種類の生物が一緒に生きており、それが両者にとってのメリットになっているこのような関係を、生物学の用語では"相利共生"と呼ぶ。アワビと無節サンゴモの関係はまさに相利共生と考えられる。

> もっと知りたい！

相利共生

　異なる種の生物が互いに関係しながら一緒に暮らしていることを"共生"という。共生している2種の生物がいずれも共生することによって利益を得ている場合に、それらの関係は"相利共生"と呼ばれる。

　相利共生の代表例として、ヤドカリとイソギンチャクの関係が知られている。ヤドカリはその名のとおり、貝の殻を借りて、その中に入って殻を背負って暮らしている。その貝殻の上にイソギンチャクが付くことがある。この場合、ヤドカリもイソギンチャクも利益を得ていると考えられるので、両者の関係は"相利共生"と呼ばれるのだ。イソギンチャクは自分で遠くに移動することはむずかしいが、ヤドカリの殻の上に付くことで簡単に遠くまで運んでもらえる。ヤドカリは、イソギンチャクの毒によって敵から守られる。もちろんすべての種のヤドカリがイソギンチャクを付けるわけではない。ヤドカリと共生するイソギンチャクも一部の種だけだ。

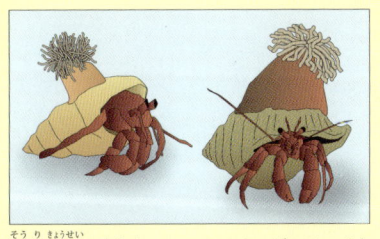

相利共生の例（ヤドカリとイソギンチャク）

磯焼けと無節サンゴモの関係

　皆さんは"磯焼け"という言葉を聞いたことがあるだろうか？"磯焼け"は、何らかの原因で磯に生えている大型の海藻類が急激に減って、藻場すなわち大型海藻の群落がなくなってしまう現象である（図4-5）。その結果、コンブの仲間やワカメなど私たち人間の食料になる海藻が少なくなるばかりでなく、藻場に住むアワビやサザエ、ウニ、イセエビなどが獲れなくなってしまう。それらの海の幸を獲ることを仕事にしている漁師さんたちには大問題だ。最近も日本各地の磯でこの"磯焼け"が問題になっており、ときどき新聞やテレビのニュースでも見かける。地球温暖化の影響も疑われている。しかし、磯焼けは最近になって発生するようになったものではなく、かなり古くから知られている。また、日本だけでなく、世界中で発生している。必ずしも異常な現象ではなく、海の環境の変化によってときどき自然に発生する磯焼けも珍しくない。

　磯焼けとなった海底の岩や石の表面は、多くの場合無節サンゴモにおおわれる。磯焼けは、大型海藻の群落がなくなったあとに無節サンゴモだけが残った状態なのだ。一口に磯焼けといっても、場所や海底の地形、どんな生物がいるかなどによっていろいろな状態があり、様々な発生原因がある。代表的な磯焼けの例として、ウニが大発生して海藻を食べ尽くすことにより発生するものが知られている。ウニが増える原因にもいろいろあるが、アメリカやカナダでは、ウニを餌にするラッコやロブスターを人間が獲りすぎたためにウニ

第4章　稚貝たちの海底での暮らし ①生息場所

図4-5　磯焼けとなった海底
石の表面はピンク色の無節サンゴモでおおわれている

が増えた例が知られている。ウニは大食漢（たくさん食べること）であると同時に、餌がなくても長いこと生きられる生き物だ。いったん磯焼けが発生すると、海藻がなくなったあとでもウニはすぐには減らない。他の場所から流れてきた海藻の遊走子が岩や石の上に付いて芽を出しても、その多くが幼芽のうちにウニに食べられてしまう。このため磯焼けが長く続くのだ。ウニを人間の手で取り除くと海藻群落が回復することが確かめられている。無節サンゴモは、ウニなどの植食動物に食われにくいから残るのである。

　1度磯焼けが発生すると、比較的長期間にわたってその状態が続くことが知られているが、それには他にも理由がある。無節サンゴモが磯焼けを長引かせることに一役買っているのだ。ここまでこの本を読んできた皆さんはもうわかるだろう！　無節サンゴモ上にはウニやアワビなど植食動物の浮遊幼生が数多く着底し、着底後しばらくはそこにとどまって成長する。常にたくさんの植食動物が生息

するため、無節サンゴモ上に海藻の遊走子が付いても大きな海藻にまで成長することはむずかしい。無節サンゴモしか見られない状態、つまり磯焼けの状態が続くことになるのだ。

　大型の海藻群落が少なく無節サンゴモの群落ばかりが目立つ海底を、英語で sea desert（海の砂漠）と呼ぶことがある。確かに、たくさんの生物が住んでいるようには一見思えないが、実は多くの種類の小さな生き物たちがかなり高い密度で生息しており、砂漠のような不毛の土地などではまったくない。というと砂漠に失礼かもしれない。砂漠は人間にとってはとても快適な場所ではないが、砂漠独特の生物が生息しており、彼らにとっては重要な場所なのだ。

　"藻場"と呼ばれる大型海藻の群落は、おとなのアワビやウニにとって住み場や餌場として重要な場所だ。海藻が少なくなるとウニには身が入らなくなり、アワビもやせてしまう（もっとも私たちが食べる"ウニ"は、本当は"身"ではなく"卵"や"精子"のかたまりである）。しかし、無節サンゴモの群落もアワビやウニにとっては藻場と同じくらい重要だ。無節サンゴモは稚貝やウニの子どもの住み場所としてなくてはならないものなのだ。藻場がまったくない、あるいは非常に少ない状態が長く続くと、アワビやウニの成長や成熟（卵や精子をつくること）がうまく進まなくなり、いずれは個体数が減ってしまう。しかし、海底がすべて大型海藻におおわれて無節サンゴモがなくなると、アワビやウニの浮遊幼生の着底場も、稚貝やウニの子どもの生息場も失われてしまう。藻場を増やせばいいというものではないのだ。

第4章　稚貝たちの海底での暮らし ①生息場所

もっと知りたい！

磯焼け

　"磯焼け"とは、磯の藻場すなわち大型海藻の群落が何らかの原因で急になくなって、一面"焼け野原"のようになってしまう現象だ。大きな海藻は見られなくなり、海藻がまったく生えていないように見えるが、多くの場合、海底の岩や石の表面はピンク色の無節サンゴモにおおわれる。

　磯焼けが発生する原因には、海域やその場の海底地形、生息する生物の種類などによって様々なものが考えられる。伊豆半島などでは、南から流れる暖流（海水温が高い）の"黒潮"がふつうの年よりも岸近くを流れる年に、沿岸の水温が高くなってコンブの仲間などが枯れてしまうことで磯焼けが発生する。本文中に紹介したように、ウニが大発生して海藻を食べ尽くすことによっても磯焼けとなる。珍しい例だが、島や海岸近くの火山が噴火したときに火山灰が海底に積もって海藻が枯れ、磯焼けとなることもある。陸上で行われる土木工事などによって土砂が海に流れこむことによって磯焼けとなることもある。

大型海藻の群落（左）がなくなったあとの岩や石の上にはピンク色の無節サンゴモが繁茂する（右）。無節サンゴモ上にはたくさんのウニが生息する（右）。

第5章
稚貝たちの海底での暮らし ②餌と天敵

🌙 アワビの餌は何か？

　本書のはしがきに、「アワビは海藻を食べるおとなしい動物」と書いたが、生まれて間もない稚貝がコンブやワカメなどの海藻をバリバリと食べるわけではない。アワビは一生を通じて植食性であり、動物を襲って食べることはないが、おとなになるまでの間に主な餌は何度か変化する。

　アワビの浮遊幼生はまったく餌を食べず、浮遊生活を送っている間は母親からもらった卵黄を栄養として利用する。しかし、無節サンゴモの上に着底して変態すると、稚貝は1日程度で餌を食べ始める。ところが、最初はまったく餌のない条件でもある程度は成長する。変態後数日間は、栄養として卵黄を主に利用するのだ。しかし、変態後10日ほどで卵黄を使い果たし、その後は "餌" が必要となる。最初の餌は、"粘液" と呼ばれるネバネバ物質だ。このネバネバ物質は無節サンゴモからも出るが、無節サンゴモ上に付着している小さな藻類も、無節サンゴモ上をはいまわる巻貝類も出している。カタツムリが葉っぱの上をはったあとに残っている、あのネバネバだ。

　殻長が1ミリメートルほどに成長すると、ネバネバ物質だけで

第5章 稚貝たちの海底での暮らし ②餌と天敵

は栄養が足りなくなる。このころからアワビの稚貝は、無節サンゴモの上に付着する珪藻などの小さな藻類を主な餌とするようになる（図5-1）。第3章で述べた"付着珪藻"のことだ。しかし、どんな付着珪藻でも同じように餌になるかというと、そうではない。実は珪藻の種類によって餌としての価値はずいぶん異なる。

　付着珪藻は、単細胞の小さな藻類である珪藻のうち、海底や川底の石などにくっついている種類である（図5-2）。細胞の大きさは数マイクロメートル（1ミリメートルの1000分の1）から大きくても100マイクロメートル程度しかなく、たくさんの細胞が連なって群体（図5-2d、eなど）となるもの以外は肉眼でその細胞そのものを見ることはできない。しかし、付着珪藻は実は意外と身近な生き物であり、だれでも目にしたことがあるはずだ。熱帯魚などを飼う水槽のガラス面に付く、あの茶色いぬるぬるしたもの。一般に"コケ"と呼ばれているが、あれはコケではなく付着珪藻なのだ。本当のコケ（漢字で書くと苔）は、基本的には陸上に生える多細胞の植物のことである。盆栽の下の部分に生える緑の絨毯みたいなやつだ。

　珪藻はケイ酸質（ガラス質）の硬い殻を持っている（図5-3）。アワビが珪藻細胞の中身を食べる（栄養にする）ためには、この珪藻の殻を壊さなければならない。しかし、アワビは珪藻の硬い殻を消化管

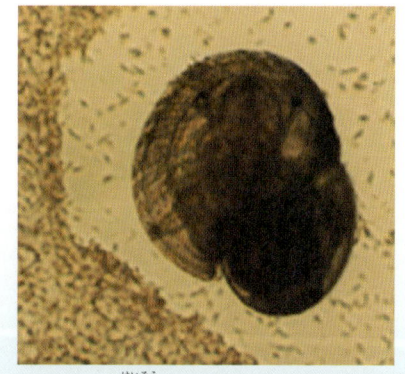

図5-1 付着珪藻を食べるエゾアワビ初期稚貝

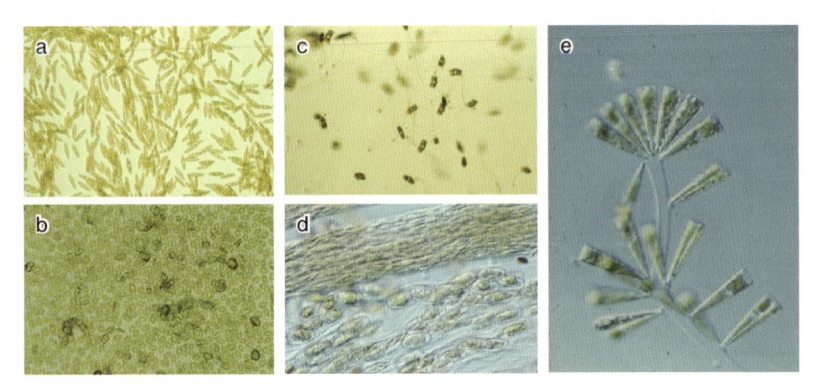

図 5-2　いろいろな付着珪藻
　　　a：ナビキュラ（*Navicula britannica*）、b：コッコネイス（*Cocconeis scutellum*）、
　　　c：アクナンテス（*Achnanthes longipes*）、d：パーリベラス（*Parlibellus delognei*）、
　　　e：リクモフォラ（*Licmophora flabellata*）

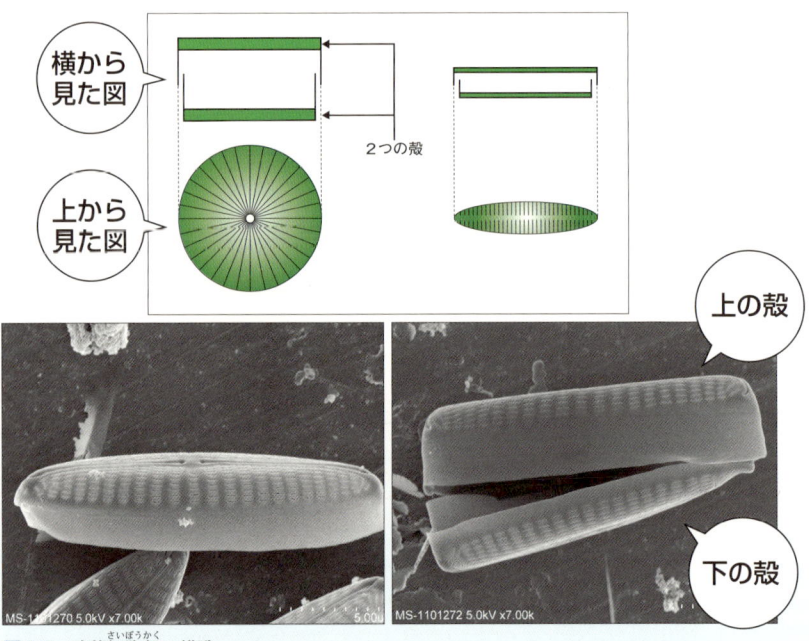

図 5-3　珪藻細胞殻の構造
　　　珪藻の細胞殻は、弁当箱のようにケイ酸質（ガラス質）の2つの殻が組み合わさった構造をしている。下の写真は電子顕微鏡によるもの

第5章　稚貝たちの海底での暮らし ②餌と天敵

の中で壊すことができない。いつ珪藻を壊すかというと、無節サンゴモの表面にくっついている珪藻をはぎ取るときだ。皆さん、思い出しただろうか。アワビは歯（歯舌）を持っている（図1-6：8ページ）。その歯で珪藻をはぎ取って食べるのだ。このとき、殻が壊れやすい珪藻と壊れにくい珪藻がある。無節サンゴモ上にくっつく力が弱い珪藻は、アワビ稚貝が簡単になめとれるため殻が壊れにくい。丸飲みにされてそのまま糞として排泄されやすい。つまり、このような珪藻の中身（細胞質という）はアワビに栄養として利用されない。驚いたことに、殻を壊されることなく丸飲みにされた珪藻の多くは、糞として排泄されたときにも生きているのだ（図5-4）。

　一方、無節サンゴモ上に非常に強く付着する珪藻もいる。無節サンゴモ上に着底して変態したアワビ稚貝は、しばらくはそのような強く付着する珪藻を無節サンゴモ表面からはぎ取ることができないが、殻長が1ミリメートルほどに成長すると、それらをはぎ取ることができるようになる。これはアワビが大きくなったためではな

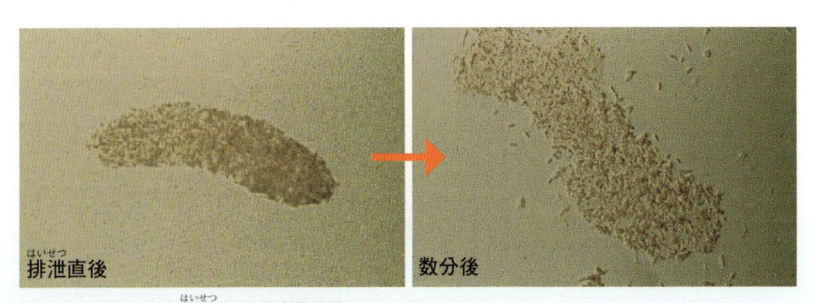

図5-4　生きたまま排泄される珪藻細胞
　　　　無節サンゴモ上にくっつく力の弱い付着珪藻を食べたエゾアワビ稚貝の糞。糞中で生きていた珪藻細胞が糞からはい出して糞の形が崩れてくる

く、大きくなるとともに歯の形が変化することによる（図 5-5 a → b）。無節サンゴモ表面に強く付着する珪藻は、アワビ稚貝にはぎ取られるときに殻が壊れてしまう。殻の強度よりもくっつく力の方が強いのだ。結果として、アワビ稚貝はこのような珪藻の中身を栄養として利用することができる。

　無節サンゴモの表面上にはたくさんの珪藻が付いているが、その多くは付着力の強い珪藻である。図 5-6 のコッコネイスはその代表

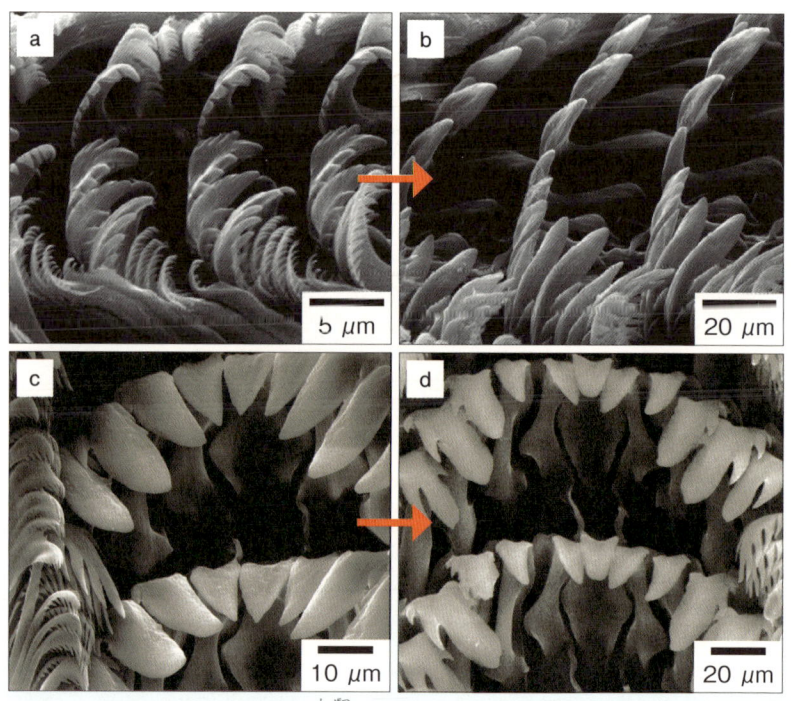

図 5-5　エゾアワビの成長にともなう歯舌の構造変化
　　　　a→b：殻長約 1 ミリメートルに成長すると、それまで巻いていた歯が立ち上がって強く付着する珪藻をはぎ取れるようになる
　　　　c→d：殻長約 2 ミリメートルに成長すると、外側の歯が大きくなって海藻を切り取ることができるようになる
　　　　μm はマイクロメートルを示す。1 μm = 0.001 mm

第5章　稚貝たちの海底での暮らし ②餌と天敵

的な種類だ。無節サンゴモがまとまってたくさん生えている場所（無節サンゴモ群落と呼ぶ）には、巻貝類やウニ類などの植食動物がたくさん生息している。それらの浮遊幼生が無節サンゴモに着底するからだ。それらはサンゴモの表面にくっついて増えようとする珪藻を食べるが、付着力の強い珪藻は多くの植食動物に食われにくいため、たくさん残るのである。しかしアワビ稚貝にとっては、このような他の植食動物に食われにくい珪藻の方が栄養として価値が高く、主な餌になっている。実に賢い作戦ではないか。

　しかし、アワビ稚貝がコッコネイスなど付着力の強い珪藻を主な餌とするのは短期間にすぎない。殻長が数ミリメートルにまで成長すると、今度は付着力の強い珪藻を好まなくなる。無節サンゴモの表面に生えるサンゴモ以外の海藻の幼芽を食べられるようになるからだ。海藻を消化する酵素を使えるようになり、歯舌の形が再び変化して（図5-5 c → d）、海藻の小さな芽を切り取ることができるようになる。速くおなかをいっぱいにするためには、細胞の大きさが非常に小さな珪藻を食べるよりも、海藻の幼芽を餌にする方が効

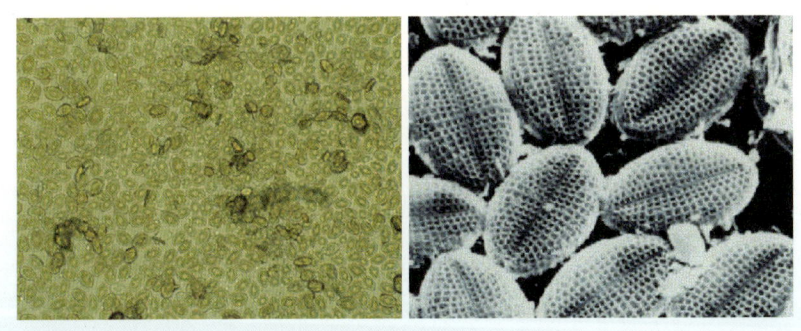

図5-6　付着珪藻コッコネイス（*Cocconeis scutellum*）
　　　　光学顕微鏡による生きた細胞の写真（左）と電子顕微鏡による細胞殻の写真（右）

率が良い。つまり成長したアワビの稚貝は、主な餌を珪藻から海藻の幼芽に変えることによって、小さな弟や妹たちと餌を奪い合うことを避けているのだ。これまたなんとも良くできたしくみである。

エゾアワビでは、実際に海の中で、成長とともに住み場とそこで食べる主な餌がどのように変化するかが詳しく調べられている（図5-7）。エゾアワビは、殻長２〜３センチメートルくらいになるまでは無節サンゴモ上で暮らし、付着珪藻や海藻の幼芽を主な餌とし

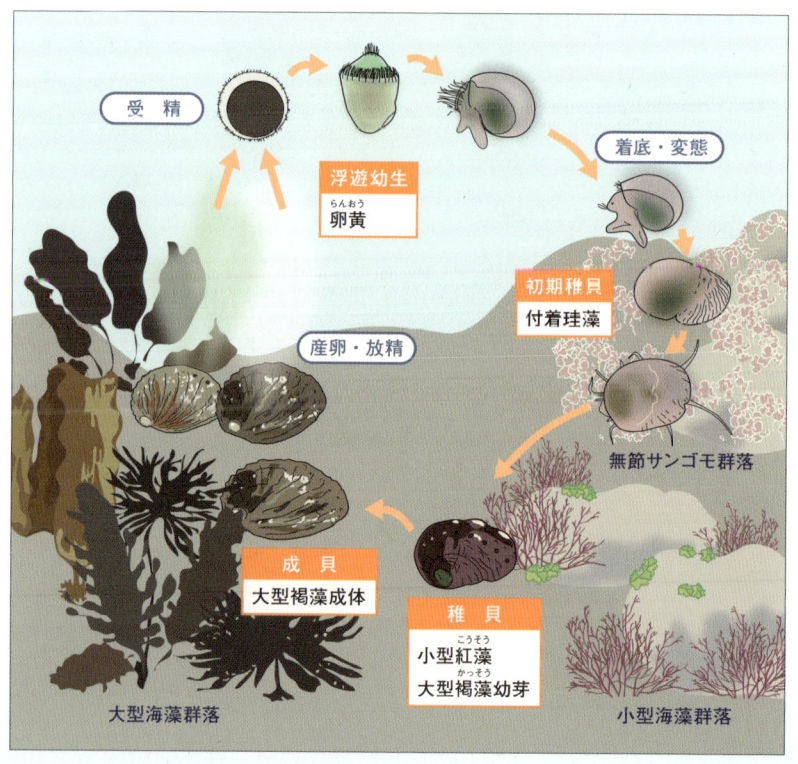

図5-7　エゾアワビの成長にともなう餌と生息場の変化
　　　生息場は、①着底〜稚貝期：無節サンゴモ上→②殻長２〜３センチメートル（生後１〜２年）：小型海藻群落内 →③殻長３センチメートル以降：大型海藻群落内、と変化する（Wonほか、2010）

第5章　稚貝たちの海底での暮らし ②餌と天敵

て成長するが、それ以降には海中林と呼ばれるコンブ類やワカメ、アラメなどの大型の海藻（褐藻）群落内に移動し、それら大型海藻類の葉を食べるようになる。エゾアワビだけではなく、クロアワビ、メガイアワビなどの大型のアワビ類の成貝は、主にコンブ類やワカメなどの海藻の葉を餌にする。なお、"成貝"というのは卵を産むことができるおとなの貝のことであり、エゾアワビやクロアワビでは殻長5センチメートル以上が"成貝"、それより小さなものは"稚貝"と呼ばれる。

　アワビの成貝が海藻を食べるといっても、生きた海藻を丸ごとバリバリとかじり取るというよりは、枯れ始めた海藻の先端部などをかじったり、枯れて岩からはがれ落ちて流れてきた海藻（流れ藻）を主に食べると考えられている。アワビ類の消化管の中には、食べた植物の消化を助ける腸内細菌がいる。腸内細菌とは、動物の消化管内に生息する細菌のことであり、私たち人間の消化管の中にも住んでいる。ヨーグルトなどに含まれるビフィズス菌はその代表だ。牛や馬のような草食動物の多くは、植物繊維の主成分であるセルロースを分解する消化酵素を持たない。その代わりに、腸内細菌がセルロースを分解することで植物繊維を栄養源として利用することができる。アワビ類の場合、アワビ類自身もセルロースを分解する消化酵素を持つが、腸内細菌がそれを助けると考えられている。海藻を分解する消化酵素が働き始めるのは、ちょうどアワビが海藻の幼芽を食べ始める殻長数ミリメートルのころだ。

　相模湾では、小型のトコブシでも着底直後の稚貝から成貝（トコブシでは殻長3センチメートル以上）までの住み場や餌が詳しく

調べられている。エゾアワビと同様に、浮遊幼生は無節サンゴモに着底し、着底直後からしばらくは無節サンゴモ上に付く付着珪藻を主に食べる。海藻の幼芽を食べ始める大きさもエゾアワビとほぼ同じだ。しかし、エゾアワビでは殻長2〜3センチメートルほどに成長すると大型の海藻群落内に住み場を移動するが、トコブシでは成貝になっても生息場はほとんど変わらない。稚貝の時期には昼間にも無節サンゴモが付く石や岩の表面に付いているが、成貝になると昼間には石の裏側やくぼみの中、岩と岩の間のすき間などに隠れるようになるだけだ。生息場自体は変わらない。夜になると表に出てきて岩や石の表面に生える小さな海藻や、流れ藻を探して餌にすると考えられている。

アワビの天敵は何か？

　野生の生物が生きていくために、天敵から逃れることは餌を見つけることと同じくらい重要なことだ。だから、ある生物のことを理解するためには、その生物を餌にする天敵を知る必要がある。

　アワビを襲って食べる動物といえば、まずタコが思い浮かぶ。特に、私たち日本人が大好きなマダコ（魚屋で最もよく見かけるタコの仲間）は海岸近くの浅い海の岩場に住み、アワビ類やサザエの天敵として知られている。タコは、岩に張り付いたアワビにおおいかぶさり、アワビが呼吸のための海水を出し入れする呼水孔（**もっと知りたい：24ページ**）をふさいでしまう。苦しくなったアワビが動いたところをひっくり返して食べるのだ。この方法でアワビをう

第5章　稚貝たちの海底での暮らし ②餌と天敵

まく窒息させられない場合には、図1-7（9ページ）に見られるような鋭い歯でアワビの硬い殻に小さな穴をあけ、そこから毒液を注入してアワビを麻痺させ、岩からはがしてしまう。アワビがたくさん生息する海に潜っていると、アワビの貝殻がまとまって落ちているのを見ることがある。多くの場合、そこはタコの住む穴の近くである。タコはアワビが大好物なのだ。

大型の甲殻類（エビやカニの仲間）の中にも、イシガニやガザミ、大型のヤドカリ類など、アワビの天敵と考えられている種がいる。殻長が5センチメートルくらいのエゾアワビとそれより少し小さなイシガニを同じ水槽に入れてみたことがあるが、アワビは水槽の壁面に強くくっつき、何日も動かなかった。アワビが少しでも動けば、イシガニはその強力なハサミであっという間にアワビの殻をはさんで壊してしまう。アワビと並ぶ高級食材として知られるイセエビも、暖流域ではアワビ類の天敵の1つでもある。"クロアワビを食べたイセエビ"の値段はいったいいくらになるのだろうか？

ベラ、フグ、ウツボ、ウミタナゴなどの魚類やヒトデの仲間は、タコやカニのように大きなアワビを襲うわけではないが、比較的小さな稚貝にとっては恐ろしい天敵だ。

アワビ類の稚貝の天敵は他にも多くいるにちがいないが、実際に海の中でアワビ類の稚貝が何にどのくらい食べられているのかはまだよくわかっていない。小さな肉食性の巻貝類や甲殻類などでも、無節サンゴモ上に着底して間もない小さな稚貝であれば餌にできるだろう。無節サンゴモの生える石や岩に穴を開けて住むゴカイの仲

間の中にも、着底直後のアワビ稚貝を餌にするものが知られている。

　東北地方や北海道沿岸では、エゾアワビとともにキタムラサキウニという種類のウニがたくさん生息している。ウニは海藻を食べる植食動物と考えられているが、キタムラサキウニは植物も動物も食べる雑食性であり、実は動物をよく食べることが最近の研究でわかってきた。エゾアワビ稚貝の殻にも、その強力な歯で穴を開けて食べてしまうのだ。キタムラサキウニは無節サンゴモの生える海底に高密度に生息しているので、もしエゾアワビ稚貝を積極的に襲うとしたら、大変強力な天敵だろう。ちなみにウニの口は、図5-8のように5本の歯が組み合わさってできている。この口の部分は"アリストテレスの提灯"と呼ばれる。有名なギリシャの哲学者アリストテレスが2400年も前に初めて観察し、提灯（ランタン）に似ていることからそう名付けたのだ。

　水族館の人気者ラッコがアワビやウニなどを好んで食べる"グルメ"なことはよく知られている。日本では野生のラッコを見る

図5-8　キタムラサキウニとアリストテレスの提灯（ランタン）
左下：口から見える歯、中央：アリストテレスの提灯（口から取り出した歯）、右：ランタン

第5章　稚貝たちの海底での暮らし ②餌と天敵

機会は少ないが、千島列島（図6-3：74ページ）にはふつうに生息しており、北海道東部の沿岸などにはときどき現れる。アメリカやカナダの太平洋岸では、ラッコがアワビやウニの強力な天敵となっており、ラッコが増えるとアワビやウニの数が減るといわれている。

　日本の海にラッコのようなアワビを好む大型の動物がいなかったのは、アワビたちにとって幸運なことだった。しかし、日本には人間という恐ろしい敵が現れた（図5-9）。第7章で詳しく紹介するが、

図5-9　アワビの天敵たち

日本では大昔からアワビ漁が行われており、人間がアワビにとって最も強力な天敵であることはまちがいない。人間よりもはるか昔から日本の沿岸に暮らしていたアワビにとって、人間という天敵の出現は想定外のことだっただろう。上述したように、アワビには実に多くの天敵が存在するが、その多くはある程度大きくなったアワビを襲うことはない。アワビたちにとって、大きいアワビほど好んで漁獲する人間の存在はまさに脅威であろう。

第6章 アワビの数はどのように変化するか？

　海の生物に限らず、野生生物の数は年によって変化する。その年の環境によって生まれた子どもの生き残る割合が変わるからだ。

　海の生物の多くは非常にたくさんの卵を産む。しかし、その大半が生まれて間もないうちに死んでしまう。海の中に住む生き物は、陸上に生息する生き物に比べて同じ場所にとどまりにくい。海流によって容易に流されてしまうからだ。特に体の小さな生き物や、生まれて間もない小さな子どもは流されやすい。

　第3章で述べたように、アワビのような海底にくっついて生きるベントスは、それを逆に利用して幼生のころに一定の浮遊期間を持ち、生まれた場所から遠く離れて移動する。それによって生息場所を拡大したり、近親交配を避けるのだ。しかし、どこに運ばれていくかは多くの場合海流まかせであり、幼生がその後の成長に都合のよい場所に運ばれるとは限らない。アワビの場合にも、多くの浮遊幼生は浮かんでいる間に沖に流されてしまい、無節サンゴモの生える浅い海底に到達できるものはごく一部と思われる。

　海の中は陸上以上に弱肉強食、つまり弱いものが強いものに食われる世界であり、他の生き物に襲われる危険性はいつも高い。他の生き物との餌をめぐる競争も激しい。浮遊幼生がうまく浅い海底に到達して着底できたとしても、生き残って大きくなることはとてもむずかしい。

生まれた子どものほとんどが生き残れないわけだが、もともとの生まれる数が多いので条件が良ければたくさん生き残ることもできる。海の生物では、陸上の生物に比べて、生き残る子どもの数の年による変化が大きいのだ。

アワビは長寿で子だくさん！

アワビの寿命はどのくらいか？

　よく人から、「アワビの寿命はどのくらいですか？」と聞かれる。これは実は答えるのがむずかしい質問だ。まず、質問した人が"寿命"という言葉をどのような意味で使っているのかを考えてしまう。

　寿命とは、生まれてから死ぬまでの時間のことである。人間の場合、医療が発達した現代では老人になってから亡くなる場合が多いため、老衰で死ぬ年齢のことを寿命ということもあるが、本来の寿命の意味とは異なる。平均寿命とは、ある生物の集団の中で1個体が平均して生きることができる期間のことなのだ。

　このような意味でアワビの平均寿命を考えると、おそらく数週間しかないのではないか。もしかするともっと短いかもしれない。

　あとで述べるように、雌のアワビは一生の間にものすごくたくさんの卵を産む。しかし、その大半は生まれて間もなく死んでしまう。浮遊幼生の間に沖に流され、無節サンゴモの生える浅い海底の着底場に到達できないものもあれば、魚などに食われてしまうものも多いだろう。うまく無節サンゴモの上に着底して稚貝に変態できたとしても、すぐにカニやヒトデの餌になってしまうかもしれない。小

第6章　アワビの数はどのように変化するか？

さなうちに嵐が来れば、強い波や流れで無節サンゴモからはぎ取られてしまう。少し大きく育っても、タコの餌食となったり、餌不足で栄養失調になり死亡するものも少なくない。生き残っておとなのアワビになることは非常にむずかしい。だから平均寿命を計算すると、非常に短くなってしまうだろう。

アワビは最長で何年くらい生きられるのか、という質問であれば、答えはまったく異なる。しかし、これもまたむずかしい質問だ。人間なら120歳くらいだろうか。人間の場合、お年寄りに年齢を聞けばたいていは答えてくれる。しかし、もちろんアワビに年を聞いても答えてはくれない。それなら年齢を調べる方法はないのか、というとあるにはある。

皆さん、木の年輪ならよく知っているだろう。木を切ると切り株の断面に見えるあの縞模様だ。年輪を数えれば木の年齢がわかるのだ。それでは、木の年輪がどうしてできるか知っているだろうか。気温が低い冬にゆっくりと成長した部分が、それ以外の暖かい季節に成長した部分よりも堅い材質となり、縞模様となる。気温以外にも雨季や乾季などの環境の変化が縞模様を作る場合もある。1年中暖かい地方など、季節による環境の変化が少ない地域に生える木には、はっきりとした年輪はできない。

エゾアワビなど、1年を通じて水温の変化が激しい海域に生息するアワビ類にも、殻の表面に縞模様ができることがある（図6-1）。この縞は木の年輪と同じようにできるため、その数を数えれば年齢がわかる可能性がある。ただし、アワビの殻の成長は水温以外にも餌の量などによっても大きく変化するため、すべての縞模様が冬に

図 6-1 エゾアワビの殻の縞模様（平川直人氏撮影）
自然な殻（左）の表皮（表面）を酢酸で溶かすと殻の縞模様（年輪）が見えてくる（右）。

できた部分を示しているとは限らない。食べる餌の種類が変わることによっても殻の色が変わり、縞模様となる場合もある。さらに、高齢になってくると殻の成長が遅くなり、縞模様ができたとしても、その間隔が狭すぎてはっきり見えなくなってしまう。単純に縞の数を数えれば年齢がわかるとはいえないのだ。

　アワビの年齢を正確に推定することは、現時点ではむずかしい。それでも、殻にできた縞模様の数と殻の大きさから考えあわせれば、おおよその年齢を推定することはできる。

　日本に住むアワビの種類で、私がこれまでに見たことのある最大の大きさは28センチメートルのメガイアワビだ。といっても実物を見たわけではなく、千葉県に住む方の家に保存されていた、外房で獲れたとされる殻の写真を見せていただいたのだ。その写真には殻の大きさを表す物差しが一緒に写されていた。マダカアワビやメガイアワビでは、25センチメートル近い大きさの個体がこれまでにも報告されており、それらの年齢は20歳前後と推定されている。

第6章　アワビの数はどのように変化するか？

　28センチメートルというのはおそらく最大級と考えられ、20歳をはるかに超える長寿（ちょうじゅ）のアワビかもしれない。

　クロアワビやエゾアワビでも20センチメートル近い大きさのものが獲れたという話を聞いたことがある。水温の低い北の海に住むエゾアワビの成長は遅いため、同じ20センチメートルでもクロアワビやメガイアワビよりずっと高齢かもしれない。いずれにしても日本に住む大型のアワビ類は、少なくとも20年以上は生きることができるだろう。

　今では、このような大きな高齢の生きたアワビを見る可能性はほとんどない。大きなアワビほど高く売れるので、漁師たちが見逃（みのが）すはずがない。20センチメートルどころか15センチメートルを超えるアワビが獲れることもまれになってしまった。現代に生きるアワビたちにとって、老衰で死亡するまで長生きすることはまずないかもしれない。

アワビはなぜ長寿で子だくさんなのか？

　大型のアワビ類の雌は、1度に非常に多くの卵を産む。1回の産卵（さんらん）で産む卵の数は、数十万個にもなる。その代わり1個の卵は小さく、直径は0.3ミリメートルほどしかない。

　アワビの卵を見たことがある、といえる人は少ないと思うが、アワビをときどき食べる人なら、それも寿司（すし）や刺身（さしみ）になった切り身のアワビではなくアワビを1匹（ぴき）丸ごと食べたことのある人なら、おそらくアワビの卵を見ているはずだ。といっても、アワビをときどき丸ごと1匹食べることのできる人なんて、アワビ漁師か、すご

くお金持ちの家の人たちくらいかもしれない。そういうアワビ好きの人たちに、"肝"と呼ばれている部分が実は卵または精子のかたまりなのだ。卵や精子があまりにも小さいので、それが卵や精子のかたまりだとは気付かないだろう。

"肝"には濃い緑色をしたものとクリーム色のものの2種類がある、ということを知る人も多くはないと思うが、濃い緑色が卵の色であり、クリーム色が精子の色だ。つまり、緑の肝を持っているアワビが雌、クリーム色の肝を持つアワビが雄なのだ（図6-2）。この部分が"肝"、すなわち内臓と呼ばれているのはまちがいではない。アワビの卵や精子は、中腸腺といわれる内臓の周りにある卵巣または精巣に蓄えられる。卵や精子を持っていない時期には、卵巣や精巣はしぼんでいて、茶色っぽい内臓だけしか見られない。この時期には、アワビの雄と雌を見分けることはできない。

アワビ類の雌は、1年に1回ではなく何回かは産卵するようだ。「ようだ」というのは、ほとんどの種類で何回産むかわかっていな

濃い緑＝卵巣

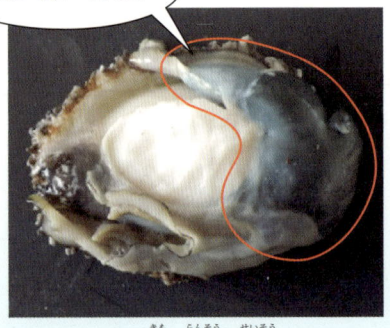

クリーム＝精巣

図6-2 アワビの肝（卵巣と精巣）
左が雌の卵巣、右が雄の精巣。いずれも貝殻をはずして軟体部を背側から見た写真

第6章 アワビの数はどのように変化するか？

いからだ。私たちが調べた東北地方沿岸に生息するエゾアワビでは、初夏から秋まで続く産卵期の間に同じ個体が少なくとも2回卵巣を発達させ、1回につき数十万個の卵を産むことが確かめられている。暖かい海に分布する小型種のトコブシでも、1個体が同じ年に何回か産卵することがわかっている。

　エゾアワビでは、殻の大きさが5センチメートルほどになると卵を産むことができるようになる。自然の環境下では、生まれて3年か4年たってからだ。産む卵の数は体の大きさによって変わるので、初めの2、3年は少ないかもしれないが、それでも数万個の卵を産む。それ以降には、毎年の産卵期に数十万個もの卵を死ぬまで産み続ける。一生の間にいったいどれだけの卵を産むことになるのだろう。

　これだけたくさんの卵を長年にわたって産み続けるには、それなりの理由がある。生まれた子どもが無事に生き残っておとなにまで成長できる確率がものすごく小さいのだ。1匹の雌のアワビが一生の間に産む子どものうち、雄雌それぞれ1匹、合計2匹（ひき）が無事に生き残っておとなになれれば、そしてそれを代々くり返していけば、アワビの数は減らないはずだ。つまり雌のアワビは最終的に2匹が生き残れるだけの卵を産む。ということは、アワビの卵が生き残っておとなのアワビになる確率は数百万分の1しかないということを示している。

　だからアワビはたくさんの卵を産む。それもおそらく、ただたくさん産めばいいというものではない。1年の間にも何回かに分けて産卵し、何年にもわたって産卵し続ける。そのときどきの海の環境

のちがいによって、特に生まれて間もない時期の生き残る確率は大きく異なる。なるべく多くの時期や年に何度も産卵を行うことによって、どこかで産んだ子どもたちが生き残るのに好都合な環境に当たることを期待しているのだろう。

　大型のアワビ類は本来20年以上も生き続け、その間毎年産卵を行うことによって代々子孫を残してこられたのかもしれない。アワビたちにとって、10センチメートルくらいまで成長してしまえばもうほとんど敵はいないはずだった。人間が現れる前までは！　人間がいろいろな道具を使って、しかも潜水具(せんすいぐ)なんてものまで発明してしまうなんて、アワビたちには想定外のことだったにちがいない。現在、日本の周りの海に住む大型アワビ類たちは、厳しい自然の生存競争を生き抜(ぬ)いておとなになったとしても、その後は長く生きることがむずかしい。人間に獲られてしまうからだ。アワビたちにとっては大変な時代なのである。

アワビと気候変動の関係

　海流の動きや海水温などは、海の生物に様々な影響(えいきょう)をおよぼしているが、それらは気候、すなわち地球上の大気の分布や動きと実は密接に関係している。

　"エルニーニョ"という言葉を聞いたことがあるだろう。南アメリカ大陸西側（ペルーの沖）の赤道付近の太平洋で海水温がふつうの年よりも数℃上昇(じょうしょう)する現象のことだ。数年に1度発生し、発生すると半年から1年以上も続くことがある。エルニーニョが発生

第6章　アワビの数はどのように変化するか？

するしくみについてはここでは詳しく述べないが、ペルー沖での海水温の上昇は、東から西に吹く風（貿易風）が通常の年よりも弱くなることにより海水の動きが変化することで起こる。エルニーニョが発生すると世界中で海流や大気の流れが変わり、通常の年とはちがった"異常気象"が起こる。日本でも梅雨が長引いて冷夏になったり、暖冬になったりするので、ニュースになる。このエルニーニョは、大気と海洋が密接に関係していることを示す代表例だ。どちらが先というわけでもないが、気候変動は海流の動きや海水温に大きな影響をおよぼす。

　気候変動によって海流の動きや海水温が変化すると、海で暮らす生物にもいろいろな影響がおよぶ。東北地方の太平洋沿岸に分布するエゾアワビでも、気候の変動にともなって稚貝の発生量が大きく変化し、それによって資源量（海に生息している量・数）も漁獲量（漁業で獲られる量・数）も変わることがわかってきた。図6-3は、過去およそ100年間のエゾアワビの漁獲量と気候変動の関係を示した図だ。北太平洋のアリューシャン列島付近で冬季に発生する低気圧の強さを表す指数（アリューシャン低気圧指数）が高くなると、エゾアワビの漁獲量は減少する傾向がある。この低気圧の強さは年によって変動し、親潮や黒潮の流れに影響を与える。アリューシャン低気圧が強いと親潮が南に下がってきて、東北地方の太平洋岸では冬の海水温が低くなる。このことから、冬季の水温が稚貝が生き残る確率（生残率）を左右しており、翌年の資源量の増減にも影響すると予想された。

　岩手県の門の浜湾という場所で1996年から10年以上にわたっ

て、秋に生まれたエゾアワビ稚貝の密度（一定の面積内の数）が冬から春にかけてどのように変化するかが調べられた。門の浜湾の無節サンゴモにおおわれた岩が多くある場所に毎月潜水して、同じ場所で大きさ数ミリメートルの稚貝の密度を実際に測定したのである。門の浜湾で稚貝がたくさん着底する場所が見つかったため可能になった調査だ。私もこの調査に参加した1人だが、数ミリメート

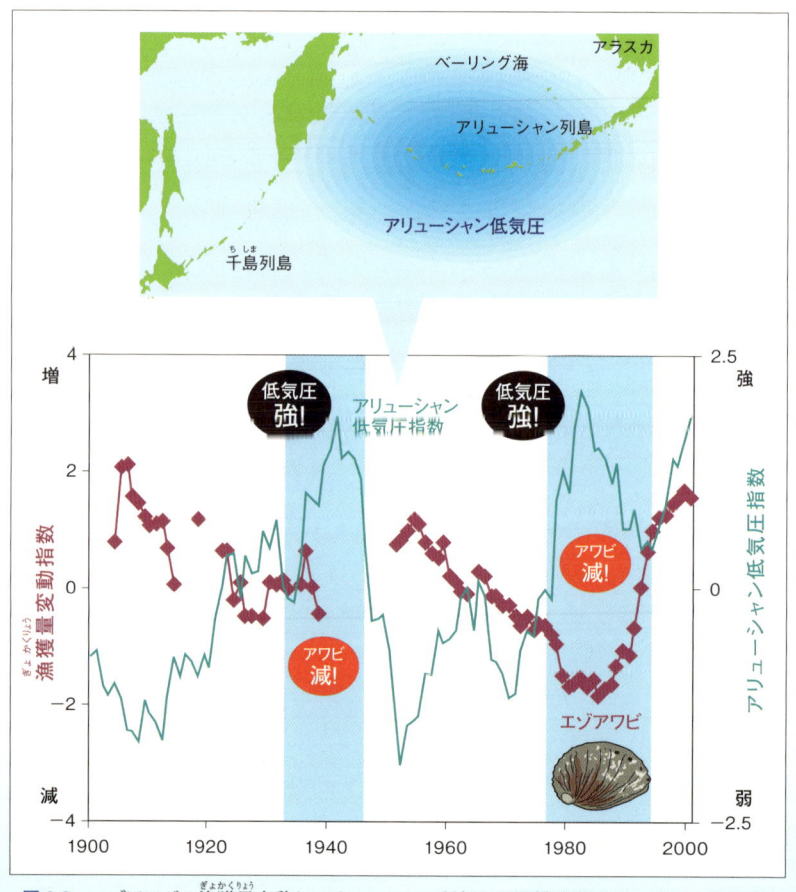

図6-3　エゾアワビの漁獲量変動とアリューシャン低気圧の関係（早川ほか、2007を改変）

第6章　アワビの数はどのように変化するか？

ルの大きさしかないアワビを海の中で見つけられるのは、おそらく世界でも私たちのグループだけだろう。稚貝がたくさんいる場所を見つけた幸運もあるが、長年潜水してアワビ稚貝を見てきた私たちの目があってこそできた研究なのだ。

　この調査の結果でも、稚貝の生残にはやはり冬季の海水温が大きく影響をおよぼしていることがわかった。稚貝の生残率は、この場所で水温が最低となる2月の平均水温に特に強く影響されていた（図6-4）。アリューシャン低気圧が強かった年には、親潮が2月に三陸沿岸にまで下がってきて、沿岸の水温は急激に低下した（図6-5）。このような年には、秋に生まれた稚貝のほとんどが生き残れないことがわかったのだ。

　1988年から1989年にかけて大きな気候変動が起こり、東北沿岸の海の環境が変わった。1988年より前にはアリューシャン低気

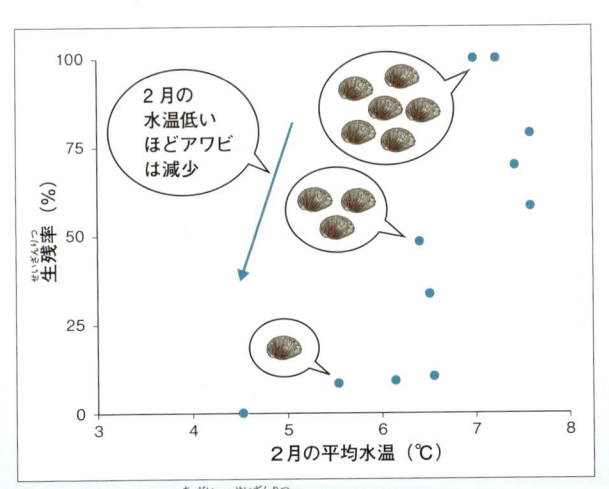

図6-4　エゾアワビ稚貝の生残率と2月の水温の関係（Takamiほか、2008のデータから作図）

圧の勢いが強く、そのため冬季の沿岸水温が低い年が多かったが、1990年代に入ると冬季の水温が比較的高い年が増えた。そのような水温の高い冬には秋に生まれた稚貝が生き残りやすく、結果として翌年の稚貝発生量が増えたのである。次の第7章でアワビ類の漁獲量の変化に触れるが、1990年代の半ば以降にエゾアワビの漁獲量が増加し始めたのは、稚貝の発生量が増えたことによって資源量が増加し始めた結果なのだ。

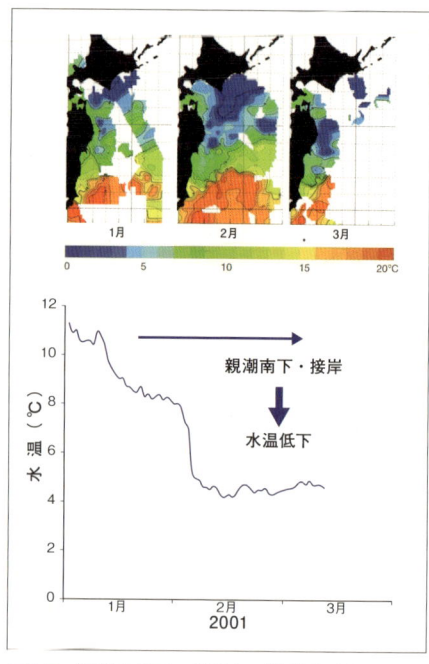

図 6-5　親潮の南下・接岸と三陸沿岸水温の関係
　　　　（Takami ほか、2008 を改変）

　アワビは本来長寿である。大型のアワビ類は 20 年以上も生き続け、その間ずっと産卵を行う。気候変動によって何年にもわたって稚貝の生き残りに適さない年が続いても大丈夫なようになっているのだ。しかし、人間に獲られることによって長生きできなくなった今、長期的な気候変動に対応することもむずかしくなっているかもしれない。

第7章
アワビと人のかかわり

　日本人にとってはもちろん、中国や韓国などアジアの人々にとってもアワビは特別な存在だ。いずれも魚介類が好きな民族だが、特にアワビは珍重されてきた。アワビは単なる食料としてだけではなく、様々な用途で大昔から人間に利用されてきた。

　アワビは昔から高級品であり、庶民がそう簡単に食べられるものではない。中国や韓国でも驚くほど高い値段で売られている。しかし日本では、最近事情がやや変わってきた。回転寿司でもアワビの握りを見かけるようになったのだ。外国で養殖されたアワビが比較的安い値段で日本に入ってくるようになったからだ。民宿などで出されるアワビの踊り焼きなどは、地元で獲れたアワビを安く提供している場合も多いが、外国産のアワビを使っていることも少なくないようだ。私自身が民宿やレストランで外国産のアワビを何度も目にしている。ふつうの人にはアワビの種類を見分けることはむずかしいだろうが、アワビを研究している私にはわかってしまう。しかし、外国産であってもアワビはアワビ。同じようにおいしいので安心してほしい。日本産のエゾアワビが中国や韓国、ハワイ、チリなどで養殖され、日本に逆輸入されている例も多い。

　それでもアワビは、食材の中ではまだまだ高級品だ。日本人にとって特別な存在であることに変わりはないだろう。私たち日本人は、

大昔からアワビを利用し続けてきた。ただ利用してきたわけではない。とても大切にし、尊重してきたといえる。

🌙 アワビと日本人の長〜い付き合い 🌙

　日本では、縄文時代の貝塚や遺跡からもアワビの殻が出土している。しかも海岸近くの貝塚や遺跡からばかりではなく、内陸の遺跡からも見つかっている。当時からアワビは、海辺だけでなく内陸にまで運ばれて利用されていたのだ。アワビは浅い磯の海底に生息しているが、岩に強く付着するため、息をとめて潜って獲るのは容易ではない。縄文時代の磯には、今よりはるかに多くのアワビが生息していたかもしれないが、それでもそう簡単にたくさんのアワビが獲れたわけではないだろう。縄文のころから、アワビは商品価値の高い海産物であったと思われる。

　今から1300年も前の奈良時代には租庸調という税の制度があったが、そのうちの"調"は地方の特産品などを朝廷に納める税であり、アワビもそれに用いられていた。当時から天皇をはじめとする皇族に献上された高級食材だったのだ。そのころには、調として納めるためにまとまった量のアワビを計画的に獲る漁業があり、獲ったアワビを朝廷に運ぶための加工技術もあったことがわかっている。

　アワビは薬としても古くから用いられてきた。アワビが非常に貴重であった奈良時代や平安時代には、皇族などの限られた人たちに、疲労回復の効果があり長寿をもたらす薬として使われてきたとい

第7章 アワビと人のかかわり

う。今から2000年以上前、中国にあった大国"秦"の始皇帝が不老不死の薬として探し求めたものが日本のアワビであったという説もあるそうだ。中国ではアワビの殻が肝臓や目の病気に効果があるとされ、日本でも江戸時代には、目の病気を治す薬として一般庶民にも使われていた。肝臓や腎臓の病気にも効きめがあると思われていたようだ。現在は薬として使われることはないので、本当に病気を治す効果があるとは思えないが、アワビが大昔から日本や中国の人たちに大切にされてきたことはまちがいない。

　食べ物や薬として以外にも、アワビは意外なところで使われている。お祝いを贈るときに使う"のし袋"や贈答品に付ける"のし紙"の"のし"は、もともと"のしあわび"だった（図7-1）。薄く切ったアワビを伸ばしてさらに薄くし、それを乾燥させた物だ。長寿をもたらす食べ物や薬であったアワビを贈り物に添えることで、良いことがあるようにとの祈りをこめたのである。現在使われているのし袋やのし紙に本当のアワビが使われることはめったにないが、今でも必ず"のし"の絵やそれをさらに簡略化した"のし"という文字が描かれている。

　アワビの殻の形は、食器や入れ物として適している。やはり昔からそのような用途で使われていた。酒を入れる杯としても各地で古くから使われていたようだ。容器としては、孔（呼水孔）があい

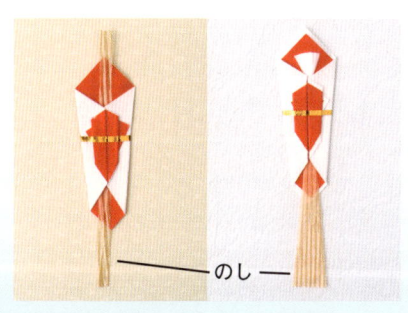

図7-1　のしアワビ

図7-2 アワビの殻を使ったネックレス（左）と写真たて（右）

ていることが残念ではあるが……。

　アワビの殻は、安産を祈願するために神社に奉納されたり、魔除けとしても使われる。アワビの殻にまじないを書いて、家の戸口につるしておくと病気にならないそうだ。

　アワビの殻の内側には美しい光沢があり、貝細工の材料となる。ブローチやペンダント、ボタン、ネクタイピンなどに使われることもある（図7-2）。アワビの殻は、なんと縄文時代にも装飾品や腕輪として使われていたらしい。

　このようにアワビは、まったく捨てる部分がない、人間にとって利用価値の高い生き物である。大昔から日本や中国で愛されてきた、まさに"海の幸"そのもの、ありがたい存在なのだ。

アワビ漁業の歴史

　アワビは縄文時代から漁獲され続けてきたわけだが、昔の人たちは裸同然で海に潜り、素手でアワビを捕まえていた。浅い場所にいるアワビしか獲ることはできず、漁をする時期も場所も限られてい

第7章 アワビと人のかかわり

ただろう。それでも獲れるくらいアワビはたくさんいたのだ。

　海に潜ってアワビやサザエを獲る漁師のことを"あま"と呼ぶ。テレビに登場する"あま"といえば女性だけれど、あまは女性ばかりでなく、男のあまもたくさんいる。同じ"あま"だが漢字がちがう。女性の場合には"海女"、男性の場合には"海士"という漢字をあてる。現在の海女や海士はみんな水中メガネを使っているが、水中メガネが使われるようになったのは明治30年ごろだそうだ。水中メガネによって格段にアワビを見つけやすくなったことはまちがいない（図7-3）。

　昭和30年代になって、アワビを獲る技術はさらに大きく進歩した。その1つはウェットスーツの開発だ。昭和35（1960）年に伊豆の海士が、日本で最初にウェットスーツを使って海に潜ったそうだ。保温効果の高いウェットスーツを着ることで、長時間海に入っていられるようになり、漁をすることのできる期間も長くなった。さらに、漁場に行くために必要な船にはエンジンが付き、漁の効率が圧倒的に良くなるとともに、漁場も広がった。

　船の上から潜水士に空気を送りこむヘルメット潜水器は、明治時代から港湾の工事や船底の修理用に使われていたが、これがアワビ漁にも使われるようになった。これによって水深の深い場所にいるアワビも獲れるようになり、長時間

図7-3 伝統的な海女（ウィキペディアより引用）

図7-4　スキューバダイビング
　　　　この写真はアワビなど底生生物の分布調査を行っているところ

の潜水も可能になった。空気をつめたタンクを背負って潜るスキューバダイビング（図7-4）が普及すると、さらに広範囲のアワビを探して獲ることができるようになった。

　獲れたアワビを冷凍する技術や加工する技術も格段に進歩した。アワビを運搬するしくみや技術も大きく変わった。昔は、それぞれの地域で消費できる分だけのアワビを獲っていたが、今では1度にどんなにたくさんのアワビを漁獲しても困ることはない。冷凍や加工して保存したり、他の地域に運んで売ることもできる。

　エゾアワビやクロアワビなどの大型のアワビ類は、浜値（アワビを獲る漁師が現地の市場で売る値段）でも1キログラム数千円から、ときには1万円を超えることもある。1個のアワビが1000円から2000円もするのだ。海の底に千円札が落ちているようなものだ。獲るなという方がむりである。アワビを獲る技術が進歩し、アワビを獲れば獲るほどもうかるようになって、当然のことながら獲りすぎてしまった。

アワビの漁獲量・資源量の変化

　図7-5は1960年代以降の大型アワビ類の漁獲量の変化を示している。1970年ごろまではアワビを獲る技術の進歩などによって漁

第7章 アワビと人のかかわり

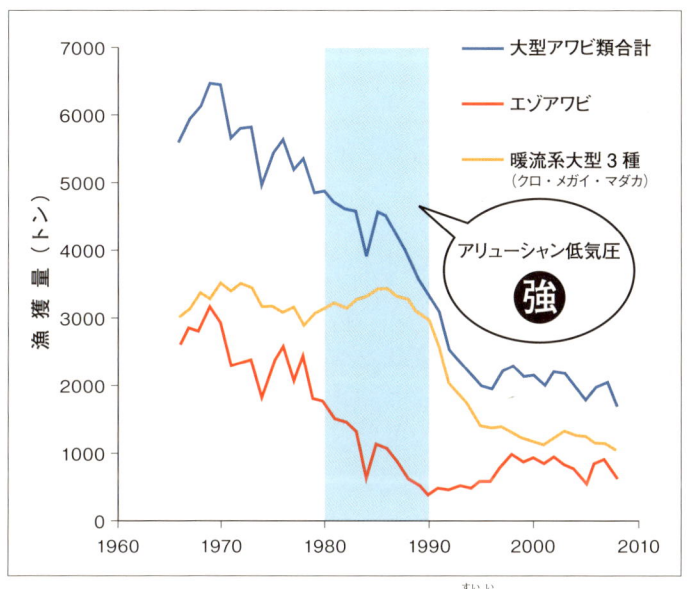

図7-5 大型アワビ類の漁獲量の推移

獲量は増え続けたが、それ以降、まずエゾアワビの漁獲量が減少し始めた。獲りすぎによって海に住むエゾアワビの数そのもの（資源量）が少なくなったことがその主な原因だ。前章で述べたように、1980年代にはアリューシャン低気圧（図6-3：74ページ）の勢いが強くて冬季の水温が低かったため、秋に生まれたエゾアワビ稚貝の冬の間の生残率が低かった。そのためさらに資源量が減少してしまった。1990年代以降にアリューシャン低気圧の勢力が弱まり、それとともに冬を乗り越えて生き残る稚貝が増え、エゾアワビの資源量が増加した。その結果、漁獲量もやや増えたのだが、それでも1960年代終わりの漁獲量に比べれば3分の1未満にすぎない。

暖流域に住む大型のアワビ類（クロアワビ、マダカアワビ、メガイアワビ）の漁獲量は1980年代半ばまでは横ばいだったが、その

後は減少し続けている。これも資源量の減少によるものであり、資源量を減らした主な原因は獲りすぎだろう。

　漁獲量の減少を食い止めるため、これまで様々な対策がとられてきた。多くの地域でヘルメット潜水器の使用やスキューバダイビングは通常禁止となり、場所によってはウェットスーツの着用も禁じられている。エゾアワビが分布する宮城県や岩手県などでは、船の上から箱メガネで海底をのぞきながら、長い竹竿の先に付いた鉤で引っかけて獲る伝統的な漁法（図 7-6）でしかアワビを獲ってはいけないとしている地域も多い。多くの地域で、漁獲できるアワビの大きさを制限し、小さなアワビを獲らないようにしている。また、禁漁の時期を決めたり、"口開け"と呼ばれる日のみに漁を実施するなどの対策もとられている。

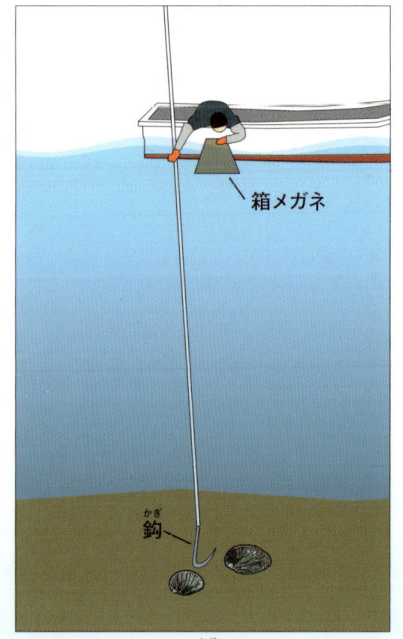

　次の章で詳しく述べるが、水槽の中で人工的に育てたアワビの稚貝を放流して資源量を増やそうという試みも、日本全国で長年行われてきた。それでも資源量はいっこうに増えない。1度減ってしまった資源量を元に戻すのは容易ではないのだ。育てた稚貝を放流することが、そもそも天然の資源を増やすことにつながっていない可能性もある。上に述べたような獲りすぎ

図 7-6　箱メガネと鉤を使ったアワビ漁

第7章　アワビと人のかかわり

を防ぐための対策が守られていないこともある。心ない人たちによる密漁があとを絶たないからだ。

　アワビが暮らす海の環境も大きく変化した。この本では詳しく触れないが、アワビたちの住む沿岸域は人間が暮らしている場所に近いため、様々な人間活動の影響を受けている。今では日本の各地に下水処理場があり、家庭や工場などから出た汚れた水（下水）をきれいにしてから川に流しているので、海に流れこむ川の水はかなりきれいになった。しかし、長い間下水は海に垂れ流しにされていた。その中には生物に有害な物質も多く含まれていた。浅い海が各地で埋め立てられ、防波堤や港が造られて海岸の形は大きく変わった。海に流れこむ河川の形が変えられ、河口の位置さえ変わった川も少なくない。川にはたくさんのダムが造られ、川の水の流れ方も変えられた。そのような人間によって加えられた変化は、アワビの住む磯にも多くの影響をおよぼしているにちがいない。アワビにとって快適な生息環境は、昔に比べて大きく減少しただろう。

　アワビ類は世界中で乱獲（獲りすぎ）され、急速に数を減らしている。アワビが大好きな日本などアジアの国々だけではなく、アワビなんてまったく食べない外国においてもたくさん獲られているのだ。ほとんどが日本や中国、香港などに輸出されている。今では、遠く南アフリカやオーストラリアで獲れたアワビが、飛行機で生きたまま日本に運ばれてくる。築地の市場に行けば簡単に見ることができる。

　このまま乱獲が続くと、世界中の海からアワビがいなくなってし

まうかもしれない。そうならないように、私たちはアワビたちとの付き合い方をそろそろ変えなければならない時期にきている。

第8章
アワビの子どもを育てて放す！

　アワビは1個体が非常にたくさんの卵を産むが、自然ではそのほとんどが生まれてまもない時期に他の生物に食べられたり、餌不足のため死んでしまう。これについては第6章で詳しく述べた。この生き残ることがむずかしい時期の稚貝を人間が水槽の中で飼育し、十分に大きくしてから海に放流すれば、もっとアワビを増やせるのではないか!?

　米や野菜などを作る農業は、田畑を耕し、種をまき、肥料をやり、場合によっては農薬を使って害虫が来るのを防ぎ、人間が計画的に作物を育てて収穫する。牛や豚、ニワトリなどを育てて肉や牛乳、卵などを得る畜産業も、動物を囲いの中で飼い、計画的に子どもを産ませ、餌を与えて育てる。餌には様々な薬を混ぜて病気にかからないようにしたり、できるだけ速く太らせたりする。これに対して漁業は、基本的に獲るだけ。自然の海の中で勝手に育った魚や貝を採集するだけの産業だった。陸上で野生動物を狩る"狩猟"とまったく同じであり、かなり原始的な産業なのだ。

　しかし、獲る技術や獲った魚介類の保存技術、輸送技術が発達して漁獲量が増えるとともに、多くの魚介類について、もともと海に生息する数そのもの（資源量）が急速に減少し始めた。乱獲（獲りすぎ）である。このような背景から1960年代には、漁業にも農業や畜産業のような手法を取り入れようという考えが広まった。"栽

培漁業"といわれる新しい形態の水産業として注目された。

🦪 アワビの栽培漁業 🦪

　栽培漁業は"つくり育てる漁業"ともいわれる。水槽内の人工的な環境のもとで魚や貝などに子どもを産ませ、生まれた子どもを人間の手である程度大きく育ててから海に放流する。放流された稚魚や稚貝が、自然の海の中で育ち、何年かたって大きくなってから漁獲されるのだ。アワビは魚とちがってそれほど遠くへは移動しないし、商品としての値段が高いので、ある程度お金をかけてでも育てる価値がある。栽培漁業にはまさにぴったりの種類なので、真っ先に栽培漁業の対象種として選ばれたのだ。

　放流や養殖に用いるため、人工的な環境のもとで育てられた魚や貝の子どものことを"種苗"と呼び、種苗を作ることを"種苗生産"、種苗を海に放流することを"種苗放流"と呼ぶ。アワビ類の種苗生産については、1960年代からエゾアワビやクロアワビを中心に技術の開発が始まった。1970年代後半には種苗を大量に生産する(図8-1)ことが可能となり、1980年ごろから各地で本格的に種苗が漁場に放流されるようになった。現在では、日本で漁獲されている全種類のアワビ類について種苗の大量生産が可能となり、2～4センチメートルの種苗が日本全国で毎年、合計3000万個近く放流されている。

　種苗を放流すると同時に、大きな岩やブロックを海底に沈めることなどによりアワビが住みやすい環境を作り、餌となる海藻を育て

第8章　アワビの子どもを育てて放す！

図 8-1　アワビの種苗生産施設（神奈川県栽培漁業協会）

て藻場を作ることなども行われてきた。それはまさに牧場に牛を放牧するようなものだ。日本全国の磯はアワビの"海洋牧場"となっているのである。

　現在、世界中の多くの国でアワビ類の養殖が行われている。養殖漁業と栽培漁業のちがいは、作った種苗を海に放流するかどうかだ。養殖（養殖漁業）では種苗を海に放流せず、そのまま水槽や海に張った網の囲いの中で商品として売ることのできる大きさにまで育てる。自分の会社では種苗を作らず、他の会社から購入した種苗を大きく育てて売る場合もある。魚や貝の種類によっては、人工的な環境下で作られた種苗ではなく、天然から採集された稚魚や稚貝（天然種苗と呼ぶ）を育てる養殖漁業もあるが、アワビの場合には現在、ほとんど例外なく人工的に作られた種苗（人工種苗）を用いて養殖が行われている。

　栽培漁業はもともと日本で発達した水産業だ。海外でもノルウェー、アメリカ、カナダなどで、何種かの魚類の大規模な種苗放流が行われているが、日本ほど多くの魚介類で行われている国はない。アワビの種苗放流は、日本以外の国ではほとんど行われていな

い。しかし外国では、アワビの養殖は年々盛んになっている。日本や中国、台湾、香港などの市場で高く売れるアワビは、養殖漁業の対象種として魅力的なのだ。

アワビの種苗を作る技術

　現在、世界中でアワビ類の種苗生産に使われている技術の多くは、もともと日本で開発されたものだ。種苗の大量生産が可能になったのはいくつかの重要な技術が開発されたからであり、それらの技術が開発されるためには、これまでこの本の中で紹介してきたように、アワビの生活史や生態（海の中での暮らしや環境との関係）についてのいくつもの発見が必要だった。

　アワビ類の種苗生産は、親となる天然の貝を捕まえて飼育し、産卵させることに始まる。エゾアワビでは、冬から春にかけて海水の温度が上昇し、7.6℃を上回ると卵や精子の発達が始まることがわかっている。また、その後の毎日の水温から産卵、放精がいつ可能になるかを推定することができる。飼育する水温を変化させることによって、産卵、放精の時期を自由に変えることができ、1年中卵を採ることもできるのだ。エゾアワビは自然の海では夏から秋にかけて産卵するが、現在は多くの種苗生産施設で自然よりも早く春に産卵させるようにしている。この技術ができたおかげで、稚貝を放流するまでの期間をかなり短くすることができた。ただし、エゾアワビ以外の日本産のアワビ類については、水温と卵や精子の発達の関係が完全にはわかっていない。そのため、エゾアワビのように水

第8章 アワビの子どもを育てて放す!

温を管理することによって正確に産卵時期を決めたり、産卵期を自由に変えたりすることはまだできない。

第3章で紹介したように、アワビの雌雄は卵と精子をそれぞれ体外に放出し、受精は海水中で行われる。卵は産み出されてから数時間以内に精子と出会わないと受精できないので、受精が成功するためには雌雄がほぼ同時に産卵、放精を行う必要がある。天然のエゾアワビやトコブシは、低気圧が通過して海がしけたときに一斉に産卵、放精を行うことが知られているが、種苗生産施設の水槽の中でもしけに代わる何らかの方法によって、雌の産卵と雄の放精を同時に行わせる必要がある。魚の種苗生産では、魚の腹を切って卵を採り出したり、腹を押して卵や精子をむりやり絞り出し、それらを混ぜ合わせて人工的に受精を行わせることができる。しかしアワビでは、そのようにむりやりに取り出した卵や精子では受精できない。あくまでアワビたち自身に産卵、放精させなければならない。

1970年代前半に、紫外線を当てた海水に入れるとエゾアワビが産卵、放精を始めるという現象が見つかり、この問題は解決した。エゾアワビの産卵、放精を計画的に行わせることができるようになったのである。その後アメリカで、過酸化水素という化合物を加えた海水も同様の効果を持つことがわかった。いずれの方法についても、なぜ産卵や放精を引き起こすのかについてはまだ完全にはわかっていないが、現在、世界中のアワビ類の種苗生産でこの2つの方法のどちらかが主に用いられている。

日本産のアワビ類については、それぞれの種で浮遊幼生が発達する速度と水温の関係が詳しく調べられている。その結果から幼生が

着底可能になる日を正確に推定することができる。受精から着底、変態するまで幼生をうまく飼育する技術も完成しており、浮遊幼生の生残率は非常に高い。

　アワビ類の浮遊幼生は、天然では無節サンゴモ上に着底し、稚貝へと変態する（第4章）。水槽の中で種苗を生産する場合にも、浮遊幼生を着底、変態させなければならない。どこか決まった場所に、できるだけ早くなるべく多くの幼生を同時に変態させたい。無節サンゴモを使うことができればまちがいなくうまくいくのだが、無節サンゴモを人工的に育てることは非常にむずかしく、現在はどの国においても用いられていない。

　その代わりに現在、エゾアワビの種苗生産では、"なめ板"（図8-2）と呼ばれる藻類が付着した板に浮遊幼生を着底させている。これは、表面に付着珪藻などの藻類が自然に生えたプラスチック製の透明な板に殻長1〜3センチメートルのアワビ稚貝を付着させ、稚貝に珪藻を"なめさせた"ものだ。無節サンゴモほどではないが、浮遊幼生が好んで着底することが1970年代から知られ、エゾアワビの種苗を育てる多くの施設で用いられるようになった。ほとんどの浮遊幼生を短時間で着底、変態させることができ、しかも変態した稚貝をこの板の上で5ミリメートルほどの大きさに

図8-2　なめ板

第8章　アワビの子どもを育てて放す！

まで育てることができる。

　なめ板になぜ浮遊幼生が着底するのか、なめ板の上で何が稚貝の餌になっているのか、ということがわかってきたのは、最近になってからのことだ。理由はよくわからないがうまくいくから使われてきた、まさに"魔法の板"だったのだ。なめ板の発見は、エゾアワビの種苗を効率良く大量に生産することを可能にした最も重要なものの1つだった。

　なめ板の上には、付着力が強いコッコネイス（図5-6：57ページ）などの珪藻や、緑藻のアワビモなどが多く生えている。アワビモは、エゾアワビの種苗生産で用いるなめ板の上に多く生えることから名前を付けられた藻類であり、コッコネイスと同じように板の表面に非常に強く付着し、無節サンゴモのように板をおおうように増える。アワビ稚貝が"なめた"ことで、このような稚貝に食われにくい藻類が残ったのだ。無節サンゴモの場合と同様に、なめ板から出る化学物質に浮遊幼生が誘われて着底するのだが、いったいどんな物質が浮遊幼生を引き寄せているのか、ということについてはやはりまだ完全にはわかっていない。稚貝が食べ残した藻類と、稚貝がなめながら（餌を食べながら）はうときに残した粘液の両方が関係しているようだ。

　なめ板の上でアワビ稚貝の餌になっているものは、第5章で説明した無節サンゴモ上とほぼ同じである。着底直後の稚貝は、板に付着する藻類が出す粘液やなめ板の作成に使ったアワビ稚貝が残した粘液を主な餌として成長し、1ミリメートルほどになると板上に多く生えるコッコネイスなどの珪藻を食べるようになる。なめ板の

上には、少なくとも5ミリメートル程度までは良好に成長するだけの餌が用意されているのだ。

　ここで紹介したもの以外にも様々な発見や技術開発があってはじめて、アワビ類の種苗が安定して作られるようになった。その結果として現在では、36の都道府県で毎年合計3000万個ものアワビ種苗が放流されている。瀬戸内海に面した3府県を除けば、海に面した都道府県のすべてで放流が行われているのだ。

　水槽の中で人間に育てられたアワビ類の種苗は、天然の海で生まれ育った稚貝とはまったくちがう色をしている。きれいな緑色だ（図8-3）。人間が育てる場合、コンブ類やワカメなどの褐藻類と呼ばれる仲間の大型の海藻や、それらにいろいろな栄養分を混ぜて作った人工の配合餌料（ペレット）（図8-4）を餌として用いるが、これらを餌にすると緑色の殻になる。天然の稚貝は無節サンゴモの表皮や小型の紅藻類も多く食べるため、ピンク色や赤茶色の殻になると考えられている。ピンクのサンゴモの上に緑のアワビが付いていたら、タコやカニ、魚などアワビを餌にする敵たちに簡単に見つかってしまう。人工的に育てられた稚

図8-3　エゾアワビの人工種苗

図8-4　アワビ用の配合餌料（ペレット）（今井利為博士撮影）

第8章 アワビの子どもを育てて放す！

もっと知りたい！

天然稚貝と人工種苗の色のちがい

　種苗生産施設で育てられたアワビ類稚貝（人工種苗）の殻は、ふつう写真左上のような緑色をしている。これは、コンブ類やワカメなどの褐藻類、またはそれらから作られた配合餌料（ペレット）を餌として育てられたためだ。これに対して天然の海で育った稚貝の殻は、左下の写真のような赤茶色やピンク色をしている。天然の稚貝は無節サンゴモやテングサ類などの紅藻類も多く食べるためと考えられる。

　緑色の殻を持つ種苗を海に放流すると、放流後は紅藻類なども食べるようになるため、放流後にできた殻の色は天然稚貝と同じような赤茶色になる。ただし1度できた殻の色は変わらないため、漁獲されたアワビの殻のお尻（稚貝のころにできた、殻の巻いている場所に近い部分）を見ると、それが放流された種苗が大きくなったもの（中央の写真）か、天然で生まれた個体（右の写真）なのかを区別することができる。放流された個体であれば、放流されたときの殻、つまりお尻の部分が外側の殻の色とは異なる緑色をしているからだ。この殻の緑色の部分は"グリーンマーク"と呼ばれ、放流されたことを示す目印（標識）としても使われている。例えば、グリーンマークを持つ個体の数を調べれば、放流された個体のうち何割が生き残って大きくなったのかを知ることができる。グリーンマークの大きさを測れば、その個体が放流されたときの殻の大きさを知ることもできる。

人工種苗（左上）と天然稚貝（左下）、およびグリーンマークのある放流個体（中）とグリーンマークのない天然発生個体（右）（人工種苗の写真以外は高見秀輝博士撮影）

貝は、緑色でも敵に襲われにくくなる大きさ（3〜4センチメートル）に育ててから海に放流しなければならない。

アワビはなぜ増えないのか？

　アワビ類の種苗が海に大量に放流されるようになって30年近くがたつ。多くの場所で放流した種苗が大きく成長したあとに漁獲されていて、それらが漁獲されたアワビ全体の中にしめる割合は年々上がっている。もし種苗の放流を行っていなかったとしたら、漁獲量はさらに減少しただろう。だから種苗の放流は、漁獲量をある程度は保ち、資源量の減少を食い止めるために役立っているといえる。しかし、長年の放流が漁獲量の増加に結びついたかといえば、そうはいえない。多くの海域でアワビの数は期待したようには増えていない。放流して全体の数を増やせば産卵する親の数が増え、生まれる子どもの数も増えて、何年か後には漁獲できるアワビの数は放流した数の何倍にも増えるだろう、とだれもが期待したわけだが、残念ながらそうはうまくいかなかった。

　放流した種苗が生き残って大きくなれば、その分漁獲できるアワビは増える。でも放流したアワビが子どもを産んでくれなければ、放流した以上にアワビが増えることはなく、漁獲量も増えない。アワビが子どもを産むかどうか、生まれた子どもがうまく生き残れるかどうかは、海の環境まかせなのだ。海の環境がアワビの子どもの生き残りに適していないときには、人がアワビをまったく獲らなかったとしてもアワビは少しずつしか増えることができない。放流

第8章 アワビの子どもを育てて放す！

した分以上に獲ってしまえば、どんどん減ってしまう。獲り続けながらアワビの資源量を回復するのはむずかしい。

　それでは、稚貝は現在の資源量（親の量）とはまったく関係なく、環境が良くなれば増えるのかといえば、そんなことはない。エゾアワビ稚貝の発生量が増えたのは、多くの場所でまだ十分な数の親貝が残されていたためだ。1980年代終わりからの冬の海水温の上昇は広い海域で起こり、エゾアワビが生息している海域全体で稚貝が生き残りやすい環境だった。しかし、すべての場所で天然稚貝が増加したわけではない。稚貝の発生密度（面積あたりの数）は前の年の親貝の密度が高いほど高かった。つまり冬季の水温が高い場合には、エゾアワビ稚貝の発生密度は親貝の生息密度によって決まるのだ。

　親貝の数が減れば、当然のことながら産卵される卵の総数が減る。また、親貝の密度が減ると卵の受精率が低下し、結果として稚貝発生量が減る可能性もある。アワビ類はしけのような急激な環境変化を"合図"として雌雄が同時に産卵、放精を行うため（第3章）、そのとき雄と雌がどれだけ近くにいるかで受精率が大きく変わるからである。オーストラリアに生息するウスヒラアワビで調べた結果によると、雌と雄の距離が2メートル離れていると受精率は50％以下に下がる。受精を成功させるためには、親貝がある程度密集して分布することが重要なのだ（図8-5）。

　暖流域に生息する大型のアワビ類（クロアワビ、メガイアワビ、マダカアワビ）では、1980年代半ばから資源量が減少し始め、現在も回復していない。30年近くも天然稚貝の発生量が非常に少な

図 8-5　アワビの雌雄間の距離と受精率の関係
　　　　あるエリアに同じ数のアワビがいたとしても、それらが密集していれば（左）卵の受精率は高くなるが、分散していると（右）受精率は下がってしまう

い状態が続いている（図 7-5：83 ページ）。ところが、同じ海域に住む小型種のトコブシでは、現在でもある程度の天然稚貝が発生している。トコブシと大型アワビ類は、稚貝の時期には同じように無節サンゴモの上に生息し、ほとんど同じ餌を食べて成長する。このことから、大型アワビ類の天然稚貝が発生しない理由が、浮遊幼生の着底場や稚貝の成育場がなくなってしまったためとは考えられない。暖流域に住む大型アワビ類の親貝の分布密度はトコブシやエゾアワビに比べてかなり低く、特にたくさんのアワビが集まって生息しているような場所は現在ほとんどない。このことが稚貝発生量を低くしている主な原因と思われる。トコブシの値段は大型アワビ類に比べれば安いので、今のところ大型アワビ類ほど乱獲されていないのだろう。

　15 年以上も前のことになるが、私はニュージーランドの南島の研究所に 1 年間滞在してアワビの研究を行った。ニュージーランドの沿岸には 3 種類のアワビが生息しており、先住民族のマオリ

第8章 アワビの子どもを育てて放す！

人が昔からアワビ漁業を行ってきた。しかし、日本に比べれば漁業者の数ははるかに少なく、特に現在は、資源を保護するために漁業が厳しく制限されている。そのニュージーランドの海に初めて潜ったときの驚きを今でもよく覚えている。ごく浅い磯の岩の上に、10センチメートルを超える大きなアワビが数えきれないほどたくさん付いていた（図8-6）。日本でも年配のアワビ漁師は「昔は岩の上に足の踏み場もないほどびっしりとアワビが付いていたよ」と言う。きっとそれがアワビたちの本来の姿なのだ。

　アワビ類の種苗放流は、アワビ漁場全体に一様に行われている場合が多い。漁師たちはそれぞれ自分の漁場を持っているため、種苗の放流も漁師みんなに公平になるように行われている。しかし、本来アワビは決してどこにでも均等に分布するわけではなく、むしろ特定の場所に集まって住んでいる。そのようなアワビの生

図8-6　ヘリトリアワビの天然群集（ニュージーランド、Steve Mercer 博士撮影）

態を考えずに放流は行われてきたのだ。アワビの産卵や生まれた子どもの生き残りにどのような要因が影響（えいきょう）をおよぼし、その結果として毎年発生する稚貝の量がどのように変動するのかがわかってきたのも、ごく最近のことだ。アワビ類に限らず、放流が行われている生物の多くについて、それらの生態が十分にわかっていないままに大量の種苗放流が進められてきた。その結果として、種苗放流が資源量の増加に結びつかないのは当然のことかもしれない。獲りすぎによって減ってしまった資源を増やすために行われた種苗放流によって、かえってアワビの分布の仕方や生態が変わってしまった可能性すらある。

　たくさんのアワビが集まって住んでいる場所は、漁師にとってもアワビを獲りやすい場所だ。漁師はまずそういう場所からアワビを獲っていくだろう。アワビを獲ってはいけない場所（禁漁区（きんりょうく））を作らない限り、アワビがびっしりと付いている場所を残すことはむずかしい。「禁漁区を作ればいいじゃないか！」と思うだろう。禁漁区を作ってアワビの親を多く残そうという試みは多くの場所で行われているが、実はなかなかうまくいっていない。アワビを獲らない禁漁区を作り、地元の漁師がそこからアワビを獲らないようにしても、よそからきただれかにアワビを密漁（みつりょう）されてしまう。密漁されるくらいなら自分たちで獲ってしまった方がまし、となって禁漁区は長続きしないのだ。

　東北の海では、多くのアワビが集まって付いている場所をまだ見かける。しかし、暖流域では現在そういう場所はほとんど残されていない。その理由の1つは、前の章で述べたようなアワビの獲り

第8章　アワビの子どもを育てて放す！

方のちがいにあるとと思う。船の上から道具を使ってアワビを獲る東北地方とはちがい、潜ってアワビを獲る南の海では、アワビを根こそぎ獲りやすい。もともとアワビが住む場所が東北の海では広く、南の海では限られていたということもある。南の海では、同じ場所に住む生き物の種類が北の海に比べて多い。アワビを見てもそうだろう。東北の太平洋側にはエゾアワビ1種類しか分布しないが、相模湾には4種のアワビ類が住んでいる。生物の種の多様性（もっと知りたい：37ページ）が南の海では高く、北の海では低い。つまり、北の海では限られた種類の生き物が広い地域にたくさん生息しているが、南の海では多くの種が限られた場所に少しずつ住んでいる。南の海域では、1種類の生き物が分布する場所は限られ、数も少ないので、乱獲によっていなくなりやすいのだ。

　昔のようにアワビがたくさんいた海を取り戻すためには、現在行われている漁業や種苗放流のやり方を全面的に見直す必要があるだろう。アワビ類の本来の生息場所や分布の仕方、繁殖の仕方など、種類ごとの生態にあわせた漁業や漁場の管理、種苗放流のやり方を考えていく必要がある。また、アワビ類だけではなく、アワビが住む海の環境や生物全体のことを考えるべきだろう。海の生物たちは、たがいに密接な関係を持ちながら生きている。それを考えることなく、人間がアワビだけを漁獲したり、逆にアワビの稚貝だけを大量に放流すると、生物たち全体のバランスが壊れてしまうかもしれない。そうなると、長い目で見ればかえってアワビたちの住みにくい環境となる可能性もある。もうすでにそのようなことが日本中の海で起きているかもしれない。

第9章
東北のアワビは大津波でどうなったか？

　2011年3月11日に東北地方で起こった大地震と大津波は、東北地方や関東地方に大きな被害をもたらした。青森県から千葉県沿岸の太平洋に面した広い地域が、最大40.5メートルもの高さに達した津波に飲みこまれた。

　この地震と津波で大きな被害を受けた千葉県より北の本州太平洋沿岸は、エゾアワビの主要な分布域だ（図2-3：21ページ）。日本全体で漁獲されるアワビの半数近くがこの海域で獲られている。いったいエゾアワビはどうなってしまったのだろうか？　エゾアワビの住む磯はいったいどんな姿になってしまったのか？

大津波に襲われた東北の海とエゾアワビ

　私は2000年から東京大学海洋研究所（現在の名前は大気海洋研究所）に勤めているが、それ以前には宮城県塩釜市にある東北区水産研究所という職場に12年ほど勤めていた。その間、私は家族とともに塩釜市の隣にある多賀城市に住み、主に岩手県と宮城県の海でエゾアワビなどベントス（底生生物）の生態を研究していた。津波は、当時私が住んでいたマンションのすぐ近くにまで押し寄せた。懐かしい場所の変わり果てた姿がテレビで次々と映し出され、大変なショックを受けた。多くの友人や知人、仕事仲間の安否が数日間

第9章　東北のアワビは大津波でどうなったか？

もわからず、眠れない夜が続いた。幸いなことに私の親しい人の中に地震や津波で亡くなられた方はいなかったが、家や車が被害にあった方は少なくなかった。

　私が働く東京大学大気海洋研究所には、岩手県大槌町に国際沿岸海洋研究センター（以下、沿岸センターと呼ぶ）という付属の研究施設があるが、海辺に建っているこのセンターも津波に襲われた。津波の高さは3階建ての建物の3階にまで達した。当時沿岸センターにいた人たちは、全員が高台に避難して無事であり、それは本当に良かったが、建物の受けた被害は非常に大きく、研究用の施設や機器のほとんどが津波に流されるか海水につかって使えなくなった（図9-1）。3隻あった研究用の船もすべて流され、最も大きな研究船"弥生"はいまだに見つかっていない。他の2隻は瓦礫の中から見つかったが、完全に壊れて使い物にならない状態だった。

　私は、以前から多くの仲間たちとともに、東北沿岸のいろいろな場所でエゾアワビの研究を行ってきた。特に宮城県牡鹿半島の東岸と沿岸センターがある岩手県大槌湾では、震災の5年以上前から年に4回程度は、エゾアワビだけではなく様々な動物や海藻の種

図9-1　津波の被害にあった沿岸センター（大竹二雄博士撮影）

類や密度（一定の面積内の数）などを調べていた。とりわけ牡鹿半島沿岸では、私が東北区水産研究所に勤め始めたころから毎年のように調査が行われてきた。まったく同じ場所で、過去20年以上にわたって海の中の生き物たちの変化を見てきたのだ。

　友人や知人の無事がわかると、長年にわたって調査を行ってきた海の状態が非常に心配になってきた。陸上の被害の大きさから考えると、海の中もめちゃくちゃな状況になっていると思われた。エゾアワビもほとんど津波で流されてしまったかもしれない。牡鹿半島沿岸の磯にはアラメ、大槌湾の磯にはホソメコンブという大型の海藻が海中林と呼ばれる大きな群落を形成していたが、これらもおそらくは陸上の松林のように、津波でなぎ倒されてしまったであろう。

　一刻も早く潜って確かめたかったが、震災後はじめて調査を行うことができたのは、牡鹿半島の調査場所で震災から3カ月たった6月、大槌湾では4カ月後の7月だった。調査には、私たち調査員や調査に必要な機材を港から調査場所まで運ぶための小船が必要だ。牡鹿半島では地元のアワビ漁師さんに船を出してもらっていたが、ほとんどの小船が津波に流されてしまったため、調査を手伝ってくれる船がなかなか見つからなかった。大槌湾では沿岸センターの研究船を使って調査を行っていたが、船が使えなくなってしまったため、代わりの船を見つける必要があった。潜水して調査を行うための安全が確認されるまでにも時間がかかった。

　牡鹿半島の調査場所に向かう際、途中に通る地区の変わり果てた姿を見て、言葉を失った。地震の前にはたくさんの家が建っていた場所が一面焼け野原のようになっていた。すでに地震から3カ月

第9章　東北のアワビは大津波でどうなったか？

たっていたため船が出る漁港までの道は通れるようになっていたが、目印としていた建物がまったくなくなっていたので、曲がる場所さえよくわからなかった。改めて大きなショックを受けた。

　海に潜ってみると、海底の岩には亀裂が入り、大きな石が横転していた。しかし、驚いたことに、そんな状態にもかかわらずアラメの群落は残っており、しかもアラメの密度には震災の前と大きなちがいはなかった（図9-2）。もちろんアラメの中には、茎の半ばで折れているものや、仮根部と呼ばれる木の根っこにあたる部分を残して岩からはぎ取られているものもあったが、多くはほぼ無傷で残っていたのだ。

　しかし、海底に生息していた動物たちはやはり津波によって大きな影響を受けていた。調査の結果、エゾアワビ成貝の密度は半分程度に減っていた。また、3センチメートルよりも小さな稚貝はほとんどいなくなってしまった。第5章の図5-7（58ページ）にあるように、エゾアワビは小さな稚貝の時期には無節サンゴモの上に生息し、3センチメートルほどの大きさになるとアラメの群落内に住むようになる。第1章で紹介したように、夜行性のエゾアワビの

図9-2　震災前後のアラメ群落（牡鹿半島）（Takamiほか、2012）

成貝（殻長5センチメートル以上）は夜には活発に動きまわるが、昼間には海藻の中でじっとしている。津波が襲った15時から16時には、エゾアワビ成貝の多くがアラメの群落の中にいたと思われる。それに対して、稚貝の多くは無節サンゴモ上で津波に襲われたのだ。

　キタムラサキウニの密度は、大きなおとなのサイズでも津波前の20分の1以下にまで大きく減少した（図9-3）。キタムラサキウニは、エゾアワビと同じように、浮遊幼生が無節サンゴモ上に着底して子どものウニへと変態する。エゾアワビとちがうのは、おとなになっても海藻群落の中には住まず、無節サンゴモの多く見られる明るい開けた場所に住み続けることだ。アラメの群落の中にいた動物たちは、ある程度は海藻に守られて流されなかったようだが、アラメ群落の外の開けた場所にいた動物たちの多くは津波に流されてしまった。特に、岩などに付着する力の弱い動物は簡単に津波に流されてしまっただろう。付着力が非常に強く、しかもアラメの群落の中で守られたエゾアワビの成貝は、半数が津波に流されずに残ったわけだが、これは底生動物の中では最も多く残ったものの1つであり、

図9-3　震災前後の無節サンゴモ域（牡鹿半島）（Takamiほか、2012）

第9章　東北のアワビは大津波でどうなったか？

他の動物はもっと大きな影響を受けていたのだ。

　7月に震災後はじめて調査した大槌湾では、海底にもホソメコンブの群落にも牡鹿半島のようにはっきりとした地震や津波のあとは見られなかった。私たちが調査を続けてきた場所は大槌湾の出口付近の磯だが、津波の影響は湾の出口付近では比較的小さかったようだ。5センチメートル以上のエゾアワビ成貝の密度は、津波に襲われる前とほとんど変わらなかった。しかし、やはり稚貝は大きく減少した。キタムラサキウニの密度は、津波前の30％ほどに減少していた。

　よく考えてみると当然のことだが、津波の影響は地震が発生した中心地（震源）からの距離や海岸の向き、海底の地形などによって異なる。大槌湾は牡鹿半島に比べると震源から遠い。また、大槌湾の調査場所は深く入り組んだ湾の出口近くにある。津波は湾の奥に押し寄せ、調査場所での津波の高さは湾の奥に比べればずっと低かったようだ。津波が直接押し寄せた牡鹿半島の調査場所に比べると、大槌湾の調査場所での津波の高さはかなり低く、その力も弱かったと思われる。そのため、大槌湾の調査場所の海藻や動物の受けた津波の影響は牡鹿半島の調査場所よりも小さかったわけだが、それでもエゾアワビ稚貝やキタムラサキウニは大幅に減少した。海底の生物たちの受けた影響は決して小さくはない。

　大槌湾のような入り組んだ湾では、湾の奥に行くほど津波は高くなり、その影響も大きくなっただろう。大槌湾ではエゾアワビの住む岩場は湾の出口付近に多く、湾の奥には砂浜が多い。湾奥の砂や泥の海底に住んでいた生き物は、津波の影響を非常に大きく受けて

いた。大槌湾奥の砂地にはアマモ（図9-4）やタチアマモという種類の海草類（うみくさるい）と呼ばれる植物が大きな群落を作っていたが、大部分が津波に流されてなくなってしまった。岩や石に付着して生える海藻類とは異なり、海草類は海底の砂や泥に根を張って群落を形成するため、砂や泥とともに津波に流されてしまったのだ。

　地震や津波が海の動物や植物に与（あた）えた影響は、地震や津波の直後から見られた直接的なものばかりではない。震災前には、牡鹿半島の調査場所では水深約5メートル、大槌湾では約10メートルよりも深い場所でアラメやホソメコンブなどの大型の海藻群落は見られず、岩や石の表面は無節サンゴモにおおわれていた。震災後、そのような場所で無節サンゴモ上に生える大型海藻類の幼芽（ようが）の密度が明らかに増えた。津波に襲われる前には植食（しょくしょく）動物が高い密度で生息しており、いつも表面をなめて無節サンゴモの上に付く海藻の遊走子（ゆうそうし）

図9-4　宮城県鮫ノ浦湾（さめのうらわん）のアマモ群落（2004年8月：村岡大祐（むらおかだいすけ）博士撮影（さつえい））

第9章 東北のアワビは大津波でどうなったか？

（もっと知りたい：45ページ）や幼芽を食べていたため、遊走子が着生しても海藻は生き残って大きく成長することができなかった（第4章「磯焼けと無節サンゴモの関係」）。しかし、津波によって植食性の巻貝類などが大幅に減ったため、食べ残されて成長する海藻が目立ってきたのだ。今後もこの状態が続くと、海藻群落が深い場所にまで拡大するかもしれない。大型の海藻が増えれば、エゾアワビ成貝の餌が増えるが、浮遊幼生が着底して稚貝が成育する場となっている無節サンゴモが減ってしまうため、エゾアワビ稚貝が発生する量が減少してしまう可能性もある。

　東北沿岸では、今回の大地震によって多くの場所で地盤が沈下した。1メートル近く下がった場所もある（図9-5）。つまり海面がそれだけ上がったのだ。この地震による地盤沈下の影響もじょじょにではじめている。これまで海面より上にあった陸地が満潮時には波

図9-5　地盤沈下した泊浜漁港（宮城県牡鹿町）（村岡大祐博士撮影）
満潮時には船着場が海面下に沈んでしまうようになった

で洗われるようになったため、陸上から海へと砂や泥が大量に流れこんでいる。それが激しい場所では、いつも海水が濁った状態になっている。濁りは海底に届く光の量を減らしてしまうため、長期的に続けば、成長に光を必要とする海藻類や海草類に大きな問題を引き起こすだろう。エゾアワビ稚貝の主な餌となっている付着珪藻も植物なので、これにも重大な影響がおよぶかもしれない。無節サンゴモ上に砂や泥が堆積すると、アワビ類浮遊幼生の着底がうまくいかなくなることが知られている。エゾアワビばかりでなく、岩や石の表面に着底する他の動物の幼生や海藻の遊走子にとっても、砂や泥の堆積は好ましくない。この点でも、地盤沈下によって海に砂や泥が流れこんでいることは、今後大きな問題となる可能性がある。

　このように、地震や津波が引き起こした様々な変化の中には、間接的にじわじわと海の環境や生物に影響をおよぼし、しかも長い間その影響が残る場合もあるだろう。津波によって大きな影響を受けたエゾアワビや他の生物たちがこれからどうなっていくのか、私たちはしっかりと見ていかなければならない。

人はアワビとどう付き合うべきか？

　牡鹿半島のようにエゾアワビ成貝の密度が大きく減った場所では、漁獲できるアワビが減ったと同時に産卵する親の数そのものが減ってしまったため、今後生まれる稚貝の数も少なくなるだろう。また、比較的大きなエゾアワビが減少しなかった大槌湾のような場所においても、稚貝の密度は大幅に減っている。これらの稚貝は、

第9章　東北のアワビは大津波でどうなったか？

本来成長して数年後には漁獲される大きさにまで育つはずだったものだ。それらがいなくなってしまったため、これから数年後には漁獲される大きさ（宮城県や岩手県では9〜10センチメートル）のアワビが確実に減少することになる。岩手県、宮城県、福島県では、エゾアワビの種苗生産施設が津波で大きな被害を受け、今後おそらく数年間は種苗放流（第8章）ができない。そのため、これまで放流されていた種苗分の稚貝量が丸々減ってしまうのだ。いずれの海域においても、現在残っているエゾアワビ成貝を漁獲することは、そのまま次の年以降に産卵する親の個体数を減らすことになる。産卵する親の数を保つためには、少なくとも数年間は漁獲する量をこれまでよりも低く抑えるべきだろう。

今回のような大きな地震と津波は1000年に1度しか発生しないといわれている。しかし、何千年間も東北の海で生きてきたエゾアワビたちは、今回のような大きな地震と津波を何度も乗り越えて生き続けてきたにちがいない。しかし、何百年か何千年か前に大津波に襲われた際には、人間はいなかった。いたかもしれないが、現在ほどたくさんのアワビを獲ってはいなかった。アワビたちにとって、津波に襲われた直後から人間にこれほど漁獲される経験は初めてのことだろう。今回の津波によって大きな被害を受けたエゾアワビが、人間によってさらに漁獲されてしまっても前回同様にまた回復できるとは限らない。

アワビたちにとって私たち人間の存在は迷惑以外の何者でもないだろう。しかし私たち人間は、長い将来にわたってアワビたちから変わらぬ恵みを受け続けていきたい。数千年にわたって海と一緒に

生きてきた日本人にとって、それはすごく大切なことだと思う。日本中のどこでも、磯に潜ってみればアワビがふつうに見られる。こういう海を将来にわたって私たちの子孫に残していきたいではないか。何千年も東北の海で生き続け、私たち人間に数多くの恩恵を与えてくれたエゾアワビを絶滅に追いやるようなことは絶対にあってはならない。

　私たち人間は、自然を変えられると思ってきた。確かに自然を壊すことは簡単だ。人間に都合の良いように海を埋め立て、川の流れを変え、これまでに何百種類もの生物を絶滅に追いやってきた。そういう意味では自然は非常に繊細で、人間の力の方が強いようにも思える。しかし、1度壊れてしまった自然のしくみを元に戻すのは非常にむずかしい。自然のしくみは人間には想像もつかないほど複雑で、ときにものすごい爆発力を持つ。それを人間がまねることはできないのだ。それは今回の大地震、大津波で多くの人が感じたことではないだろうか。

　"海洋牧場"とはいえ、磯は陸上の"牧場"とはちがう。人間の管理の手がおよばないことの方がはるかに多い。海洋牧場でアワビを牛や豚のように管理することはとてもむずかしい。だからこそ、アワビたちの生態をよく理解することが重要だ。アワビの種類ごとに、それぞれの生態にあわせて資源を管理し、あくまでも本当に必要な場合に限って種苗を放流したり、住み場に手を加える。私たち人間にできることは、アワビが自然に増える営みを妨げないようにすることくらいなのだ。増えやすい条件を作ってやることはできるかもしれないが、へたに自然に手を加えることは危険である。これ

第9章 東北のアワビは大津波でどうなったか？

までの歴史をふり返ってみても、人間が自然に手を加えてうまくいった試(ため)しはほとんどないと思う。アワビたちの自然の増減にあわせて、資源量を減らしすぎないように調節しながら、獲(と)れる分だけを獲る。これからの私たちは、そのような漁業の形をめざすべきではないだろうか。

あとがき

　この本を読み終わった皆さんは、アワビという生き物についてどのような感想や考えを持っただろうか？　アワビは"磯の王者"だと思っただろうか。アワビが"王者"かどうかは皆さんに考えてもらうとして、アワビが日本の磯を代表する生物であることはまちがいない。アワビは植食動物の中では非常に大きく、磯の中で最も目立つ存在だ。アワビを守ることは磯の環境を守ることにつながるといっても過言ではないだろう。

　この本の原稿を書いているちょうどその最中に、私は研究室を移ることになった。大槌にある国際沿岸海洋研究センターに新しくできた「生物資源再生分野」という研究室だ。2011年3月11日に起こった大地震と大津波が沿岸に住む生物たちにおよぼした影響を調べること、また、破壊された海の環境や生物のバランスがこれからどのように変化していくかを明らかにすること、を目的として新設された研究室である。

　まさに、東北のアワビたちと彼らの住む海の現状を調べ、これからどうなっていくのかを明らかにする仕事を行うことになった。研究を通じて東北の沿岸漁業の復興に役立ちたいと思うとともに、地震や津波によって私たち人間と同様、あるいはそれ以上に大きな被害を受けたエゾアワビたちの回復の様子も見届けたいと思う。そして、海の生物や環境が回復していくために私たち人間は何をすべきかを考えていきたいと思う。

　"磯の王者アワビ"と末長く付き合っていけるように。

あとがき

　この本には、私たちが調べてきた最新の研究成果もできるだけ多く紹介した。これらの多くは、東北区水産研究所の高見秀輝博士、中央水産研究所の堀井豊充博士（現在、東北区水産研究所）をはじめとするたくさんの人たちとの共同研究の成果だ。トコブシの生態についての研究は、大学院時代を私の研究室で過ごした鬼塚年弘博士（現在、北海道区水産研究所）が中心となって行った。アワビ類の食性変化に関する研究の一部は、同じく私の研究室に在籍した元南一博士（現在、韓国水資源機構）による。今井利為博士（神奈川県栽培漁業協会）、大竹二雄博士（東京大学大気海洋研究所）、酒井勇一氏（北海道総合研究機構栽培水産試験場）、高見秀輝博士、平川直人氏（福島県水産試験場）、村岡大祐博士（東北区水産研究所）、Steve Mercer 博士（ニュージーランド国立水圏大気研究所）には貴重な写真を使わせていただいた。また、私の研究室の卒業生、元南一博士、鬼塚年弘博士、白藤徳夫博士（現在、東北区水産研究所）、早川淳博士（現在、増養殖研究所）、深澤博達博士（現在、旭化成ファインケム）、および現在研究室に在籍する大土直哉、中村慎太郎、伯耆匠二、林晃、福田介人の各氏には写真の撮影や図の作成にご協力いただいた。恒星社厚生閣の編集担当、河野元春氏には、本書を中高生にもわかりやすくするため、たいへんご苦労いただいた。この場を借りて皆さんにあらためて感謝の気持ちをお伝えしたい。

河村 知彦（かわむら ともひこ）

1963年東京都生まれ、1981年東京都立戸山高等学校卒業、1986年東京大学農学部水産学科卒業、1988年東京大学農学系研究科水産学専攻修士課程修了、水産庁東北区水産研究所研究員、主任研究官を経て、2000年東京大学海洋研究所助教授、2012年より東京大学大気海洋研究所国際沿岸海洋研究センター教授、現在に至る。

著書 「海洋生物の付着機構」「浅海域の生態系サービス」（共著、恒星社厚生閣）、「海の生物資源－生命は海でどう変動しているか－」（共著、東海大学出版会）、「海の生き物100不思議」「海の環境100の危機」（共著、東京書籍）、「最新 水産ハンドブック」（共著、講談社）ほか。

■編集アドバイザー
阿部宏喜、天野秀臣、金子豊二、河村知彦、佐々木 剛、武田正倫、東海 正

もっと知りたい！海の生きものシリーズ ⑤
アワビって巻貝!?
磯(いそ)の王者を大解剖(だいかいぼう)

河村 知彦 著

2012年11月30日　初版1刷発行

発行者　　　片岡　一成
印刷・製本　株式会社シナノ
発行所　　　株式会社恒星社厚生閣
　　　　　　〒160-0008　東京都新宿区三栄町8
　　　　　　TEL 03（3359）7371（代）　FAX 03（3359）7375
　　　　　　http://www.kouseisha.com/

ISBN978-4-7699-1291-0 C1045　　©Tomohiko Kawamura, 2012
（定価はカバーに表示）

JCOPY　＜(社)出版者著作権管理機構 委託出版物＞

本書の無断複写は著作権法上での例外を除き禁じられています。複写される場合は、そのつど事前に、(社)出版者著作権管理機構（電話 03-3513-6969、FAX 03-3513-6979、e-mail: info@jcopy.or.jp）の許諾を得てください。